情绪稳定
人生自洽

丁十三 著

中国水利水电出版社
www.waterpub.com.cn
·北京·

内 容 提 要

愤怒、焦虑、纠结、忌妒……这些看不见的坏情绪总是在困扰着我们，摧毁着我们的行动力，让我们感到疲惫、不安。那么，如何减少负面情绪的干扰，告别失控人生？本书通过大量生动的案例、专业的心理学知识科普和简单易操作的行动指南，帮助读者化解内心冲突、稳定情绪，最终获得清醒通透的人生。

图书在版编目（ＣＩＰ）数据

情绪稳定，人生自洽 / 丁十三著. -- 北京 ： 中国
水利水电出版社，2022.2
　　ISBN 978-7-5226-0441-1

　　Ⅰ．①情… Ⅱ．①丁… Ⅲ．①情绪－自我控制－通俗
读物 Ⅳ．①B842.6-49

中国版本图书馆CIP数据核字(2022)第009493号

书　　　名	情绪稳定，人生自洽 QINGXU WENDING, RENSHENG ZIQIA
作　　　者	丁十三　著
出 版 发 行	中国水利水电出版社 （北京市海淀区玉渊潭南路1号D座　100038） 网址：www.waterpub.com.cn E-mail：sales@waterpub.com.cn 电话：（010）68367658（营销中心）
经　　　售	北京科水图书销售中心（零售） 电话：（010）88383994、63202643、68545874 全国各地新华书店和相关出版物销售网点
排　　　版	北京水利万物传媒有限公司
印　　　刷	天津旭非印刷有限公司
规　　　格	146mm×210mm　32开本　7印张　158千字
版　　　次	2022年2月第1版　2022年2月第1次印刷
定　　　价	49.80元

第一章

"

消除冗杂情绪，远离人际陷阱

"

Chapter 1

调整心理边界，识别并远离"PUA"　　003

玻璃心？其实只是过度敏感在作祟　　012

化解社交恐惧症的3个有效方法　　020

不要让"善"成为伤害彼此的利剑　　029

我们什么时候才能摆脱比较的人生　　042

"

第二章 停止情绪内耗，
终结生活疲惫感

"

Chapter 2

找回专注力，开启你的高效人生　　　　055

告别无效忙碌，摆脱人生倦怠感　　　　062

拖延症，其实是自控力变差的信号　　　071

警惕！别掉进过度独立的陷阱　　　　　078

倍速模式，只会让你越来越焦虑　　　　090

无法习惯孤独的人，终将被孤独吞没　　100

第三章

"

克制负面情绪,
靠纾不靠忍

"

Chapter 3

3个步骤处理愤怒情绪,让怒火有处可发　　　111

2个小改变,快速走出又累又丧的死循环　　　122

巧妙纾解忌妒,让它成为你变优秀的动力　　　131

用主动取代被动,从"我不行"到"我可以"　　　142

身材焦虑?你可能需要改变几个固有认知　　　151

3个方法,快速治愈失恋分手的悲伤　　　160

"

第四章

情绪越稳定，
人生越丰盈

"

Chapter 4

抱怨，也有正确的姿势　　　　　　　　173

停止自我否定，学会接纳自己　　　　　181

合理控制欲望，提升你的财务幸福感　　192

破除年龄界限，找到自己的人生时区　　198

知道自己想要什么，是做自己的前提　　207

消除冗杂情绪，
远离人际陷阱

第一章

Chapter 1

调整心理边界，识别并远离"PUA"

> ❝ 成年人的社交雷区 ❞

　　前些天我的QQ收到了一条好友验证消息，对方是某个作者群里的女生，称有些写作上的问题想向我咨询。当我同意了她的好友申请，才简单聊了两句，对方就开始问我："你赚的钱多吗？一本书的稿费有多少，能卖出去多少本啊？"这样敏感的问题让我觉得备感不适，便没有再回复那位朋友。

　　"言深交浅"是我们在社交中经常遭遇的尴尬，之前有同事谈了女朋友，一群同事八卦地围着人家打探女方情况，最后在得知对方的家庭条件时还频频摇头："这样的家庭你可得慎重考虑，以后你就知道门当户对有多重要了。"从那之后，男孩对自己女友的情况便不再谈起。

　　在职场中，打探个人隐私是大忌，尤其是在遇到对方探听自己的薪资、晋升情况时，有时候虽然知道对方没有恶意，但仍旧会觉得对方越了界。

办公室的一个小伙子有个习惯，就是不管有事没事他总是喜欢端着个茶杯四处溜达，然后站在别人的电脑屏幕旁边询问对方在做什么。

尽管电脑中没有什么见不得人的东西，但每次他站在我后面盯着我的时候，我总是会觉得浑身不自在。这让我觉得相当苦恼。

某天在他再一次到我后面看我电脑的时候，我终于忍不住，半调侃半认真地问他："老张是不是给你多开一份工资？"

他不解，我笑着说："监督费啊。"

我说完，办公室其他小伙伴纷纷了然，也跟着调侃："是啊，自从小汪来了，咱们办公室的氛围好得不得了，再也没人敢摸鱼了，连我珍藏多年的小游戏网站都狠心清空了。"

前些天我在网络上看到一个帖子，问题是"死后最害怕的事是什么"，其中获得最多赞的回答就是"手机被破解，里面的浏览记录和聊天记录被别人看到"。

有人跟帖："想想就觉得社死，那无疑是让我再死一次。"

在现代社会，礼貌性地视觉回避对方的手机、电脑屏幕，已经是大家约定俗成的规则。

边界缺失，会不自觉将我们与他人之间的关系拉远，让自己"被讨厌了"还不自知。

一个刚上大学的妹妹向我吐槽她的好友，认为对方"好小气"。

"我们在同一个宿舍，前几天我的护肤乳液用完了，就用了她放在洗手间的。结果她发现后跟我大发脾气，说我没有边界感。我又不是占她便宜，也不是自己不买了全都用她的，我真服了她了，怎么这么小气！她还冠冕堂皇地说什么边界感，明明就是小气。"

那个妹妹越说越气："她一直都是这样，上次我肚子饿吃了她放在桌子上的水果，回来她又开始甩脸色。大家都是好朋友，我买了水果也会分给她吃啊，至于嘛。"

因为我们关系好，所以我就可以随便动用你的东西。"你的就是我的"这种思想，实际上正是缺失边界感。

这让我想到上学期间，我的一个同学每次去食堂总会忘记带饭卡，总让我帮她刷卡买饭，而之后的钱也总是以"下次我请你"一语带过。后来我提醒她带饭卡，她回我："你是不是就怕我刷你的卡，你怎么这么小气，跟我还斤斤计较。"

无边界社交，一方有恃无恐，另一方有苦难言，最后关系只能破裂。

❝ 无边界的人，长到多大都是'巨婴' ❞

人的边界感，就是人对于主客体之间的一种感知。

很多时候我们会不自觉混淆自我与他人之间的关系，从而越到他人的界限范围内，这样的行为就叫"越界"。

最先提出"心理边界"这个概念的是心理学家埃内斯特·哈曼特，他认为心理边界作为个人的一种认知，是个体与外界连接方式的重要指标。心理边界将个体与外界区分，确保我们成为独立的人。

往往，婴儿是没有这样的界限区分的。

客体关系心理学理论认为，个体在生命初期与母亲是出于完全共生的状态，此时的婴儿并不懂"你"和"我"的区别，他们将所有的东西都视为是自己的。

随着年龄增长，大概2至3岁，孩子才开始逐渐意识到自己与外界的区别关系，而此时当孩子获得足够的安全感，当重要照顾人（多为母亲）离开时也不会感到恐惧，可以实现很好的个体化分离。

这是边界形成的第一步。

"边界"的范围相当广泛，其中最容易被区分的就是"物品所有权"的边界。

拿别人的东西要征得他人同意，这是我们应该习得的最基本的知识。但是在中国人的传统观念中，"一家人"是不分彼此的。

比如孩子会理所应当地认为父母的东西是自己的，当我们年幼时吃母亲买的饼干，很多家庭都会认为即便孩子不征得母亲的同意也没关系。久而久之就会给孩子造成一个错觉，那就是亲密的人之间是不存在边界的。

网上有这样一个段子，有孩子问母亲："是不是咱们家以后的东西都是我的？"在得到母亲肯定的回答后，孩子又问："既然这样，是不是就等于你们现在是在住我的房子、用我的钱？"

在现实生活中，这样"亲密边界模糊"的人不算少数：熊孩子背着家长拿钱给主播打赏、把母亲的首饰偷出去变卖等等。实际上的边界感是，或许我知道你会允许我做这件事，但我仍旧会征得你的同意，不管我们的关系有多亲密。

在物品所有权边界中，有些人还有一种错误观念，就是以价格来定论它是否需要征得同意。

我们往往会遇到一些不懂事的小孩，在看到别人拿着糖吃的时候，他也会喧闹着抢夺。这时候不懂事的家长或许也会"助纣为虐"，认为"不就是一块糖，给他又怎么了"。仿佛只要这个东西没有多大价值，那就可以随便让出。

习惯在物品所有权中越界的人就像长大的"巨婴"，虽然身体成长了，但是仍旧分不清"你我"概念。

但是还有一些边界，是我们在生活中很容易忽视的，比如时间的边界、语言的边界、隐私的边界、权利的边界。

在刚学心理学的时候，周围的亲戚朋友凡是遇到心理困扰都喜欢找我倾诉。他们经常会不分时间地点地给我打电话，拉着我一聊就是一两个小时。起初因为彼此熟识不好意思拒绝，我总是耐着性子倾听，后来我的学习和工作越来越忙，慢慢地对他们长时间的电话轰炸变得心有余而力不足，倘若我有事在忙，我就拒接电话。某次一位经常给我打电话的长辈因此恼怒，跟我母亲讲："你们家孩子现在出去念书都看不起我了，开始拒接我电话了！"

这样的时间边界感缺失，让所有的人都觉得尴尬。

❝ 不要让你的边界破损 ❞

每个人对心理边界的认知都有所不同，一个心理边界认知健全的人，他们懂得尊重别人，同时也能够很好地掌控自己的人生。但如果心理边界不清晰，则会时常沉溺在不被理解的痛苦中，将所有的问题归咎于别人。

要想让自己的心理边界在合理界限内，需要我们自己不断察觉。

哈曼特说："如果自我是一座古堡，那么心理边界强度便是古堡外的一圈护城河。当然，护城河的宽度由你自己决定。"

人的心理边界有宽有窄，这受到我们的生活环境以及后天教育的影响。

我母亲是个非常强势的人，她会不敲门直接进入我的房间、趁我不在翻看我的日记本、从我书包里搜寻别人给我的情书……直到我单独在外居住了，她来到我家还会将我柜子里的东西全部倒出来收拾一遍。在她的观念里，我是她生的，没有什么东西是她不能看的。

母亲过宽的边界压缩了我的边界范围，在很长一段时间里，未经母亲同意我都不敢随意使用家里的东西，我会在潜意识里认为那些都是母亲的东西。同时，随着年龄的增长，我开始丧失独立意识，会习惯性地寻得周围人的认同，与人交往也小心翼翼，过于恐惧自己的语言会伤害到别人。

同样地，我身边的一位朋友和我有着类似的经历。强势的父亲让她从小失去了自由成长的空间，她父亲动辄就会对她大发雷霆甚至拳脚相向，很长一段时间里，她的性格都带着明显的自卑和软弱。后来，当她成年以后，终于意识到自我边界已被严重挤压的她性格骤变，为了争取到更大的边界，她强迫自己变得"强硬易怒"。她时常会因为陌生人的一句话而与对方发生争吵，认为对方侵犯到了她的自主权；在择偶上也尽量找一些对她言听计从的"软柿子"，她跟我说因为这样"好控制"。她说："我绝对不会再过童年那样憋屈的生活，现在没有人能干预我的生活。"

此前，"PUA"这个词在网上引起了大家广泛的讨论，实际上，从边界的角度上看，所谓"PUA"就是一群心理边界过宽的人通过言语来灌输给那些心理边界过窄的人以"你不行"的思想，让他们最后完全失去属于自己的边界范围，从而达到对这些人的精神控制。

一个边界范围过强的人，往往伴随有不同程度的控制倾向。既包括诸如习惯性批评、命令、羞辱、指责等硬控制，也包含撒娇、苦肉计、威胁等软控制，以及以身作则、强势、大谈恩情等的无形控制。

一个边界范围过窄的人，往往伴随着依赖（把自己的事推给别人）、讨好（渴望得到他人认可）、共情（幻想他人能够完全理解自己的感受）、过度阐释（与人交往过于敏感、神经质）、过度暴露（容易谈自己的感受、分享自己秘密）等情绪。

分辨边界的范围与特质，明晰当前自己与他人的边界范围，才能通过不断调整让自己形成一个健康独立的个体。既不被他人控制，也不控制他人。

合理调整自己的边界，我们要做到：

1.为自己设立底线。底线是我们与人交往的最低接受程度，它包括身体的触碰、心理感受以及精神能承载的限度。在生活中，感受哪些事会让你感到不适，这样能够帮你看到自己的底线。底线一旦被确立，便不再允许任何人侵犯。

2.允许自己说“不”。生活中有很多请求，我们明明内心是拒绝的，可是因为各种各样的担心会选择答应。很多时候，这样的不拒绝与善良无关，而是害怕对方会因此对自己产生成见。为了避免冲突，我们一直选择回避拒绝。但是很多接受伴随的是对自我的妥协，你以为你的一次妥协会换来对方的感激，可事实却是，妥协往往伴随的是肆无忌惮的侵犯。健康的边界感，就是对那些侵犯你边界的人说"不"。

3.能够和人坦率沟通。坦率，就是要让我们能够直接告诉其他人自己的好恶。我们当然希望对方能够了解我们的感受，但并非每个人都有察言观色的本领。在事情发生前，坦率地表明自己的立场和底线会提前规避问题的发生。不要害怕你的坦率会伤害到别人，你的坦率会让对方知道你的需求，你们的交往也会变得更加轻松愉悦。

上周，那位喜欢在上班时间窥视别人电脑屏幕、观察别人在做什么的同事也被人窥视了。

在他与女朋友微信聊天的时候，我们一位同事小刘毫不礼貌地在旁边围观，并且打趣道："原来你对你女朋友的昵称是'小不点儿'啊，哈哈哈，有点意思！"不仅如此，小刘还把这件事当作新闻在我们办公室广而告之。很快，"小不点儿"这个名字成了大家调侃的梗。

那位同事跟我抱怨："小刘怎么这样，随意窥视别人的隐私，好没有边界感啊。"

我笑而不语。

你们看，边界感这个东西，其实没有人喜欢被侵犯，即便是那些会偶尔侵犯别人边界的人。

玻璃心？其实只是过度敏感在作祟

> 被'社交敏感'裹挟的成年人

某次上课，老师和我们分享与被研究对象发生争吵的经历，以此说明某种关系存在着某种程度的"不破不立"，也就是说，有时发生冲突恰恰是拉近距离、关系发生变化的关键。

然而，当老师说完我问道："倘若对方因此而恼怒，双方关系彻底破裂，研究该如何进行？"老师愣了一下，回答我："你应该先搞清楚，你为什么很担心关系破裂这件事。"

担心惹恼别人，担心别人讨厌自己，担心发生争吵，担心关系破裂，这大概是像我这种对待社交异常敏感的人每天都在担心的事。

来找我进行心理咨询，患有"社交恐惧症（以下简称'社恐'）"的女孩和我说："我无法停止自己对对方情绪的揣摩和想象。渐渐地，对方回复我微信的时间、和我说话的语气都成了我揣摩的重点，倘若有人没有回复我的微信，那对我来说简直就是一场灾难，我甚至会萌生'这个人不喜欢我，那我以后再也不找这个人说话了'的想法。"这样的想法逐渐侵蚀了她的生活，于是她活成了一座不愿与人交流的"孤岛"。

实际上，当前很多年轻人都患有不同程度的社交敏感，你会发现现代人的情绪越来越容易受到他人反应的裹挟。受到上司或朋友的称赞，你会活力满满一整天；然而一句否定的话，则会让我们对生活的期待火速下降。

"玻璃心"的出现，使我们在人际交往中变得越来越脆弱。

美国社会学家库利在《人类本性与社会秩序》中提出"镜中我"理论。他认为，他人对自我的评价与态度，构成了个人的自我认知。库利将自我形成的要素分成了三个方面，分别是：个人对他人如何认识自己的想象、个人对他人如何评价自己的想象，以及个体对他人的认识与评价作出的判断。

从这个理论就可以看出，那些正在经历社会交往敏感的人，实际上正在遭遇的是自我认知恐慌。他们急需他人的正面评价以获得正向的自我认知，仿佛自身的好坏全部都是由对方的反应来决定的。

有一位姑娘在做心理治疗时跟我倾诉自己性格上的缺陷，她是这样说的："我仿佛过于自我，在社交中总是不懂倾听。"

在进一步追问后，她说："我有一个聊得来的网友，彼此的兴趣爱好相同。可是前些天她突然'消失'了，我给她发微信，她直接无视，不再理我。我将我们的聊天记录从头看到尾，不停地进行自我反思，最后发现是因为前些日子她和我抱怨某一件工作不顺心，可是我没有回复她。她对我说'你总是这样，永远不会安慰别人，只想着自己'，就是这件事之后，她再也不理我了。"

这次失败的社交让她为自己冠上了"不懂体恤别人"的帽子，就像一面镜子一样，在这面"镜子"的照射下，她的行为开始发生改变："我不知道要不要向对方道歉，但我又不知从何说起。现在，我在和别人讲话的时候都会特别注意倾听，几乎不敢倾诉自己的意见。"

有调查结果显示，负面信息对个人的影响比积极信息的影响更为强烈，这也是为什么我们常常会忽略大多数的夸赞，而过分纠结于一两次的批评。

难以正确认识自己、经常以个性化的评价或是失败的社交作为全部评价标准，这是造成人类"社交敏感"的原因之一。当我们过分放大社交中的负面结果，最后我们就会变成被社交裹挟的人。

习惯性察言观色，是我的错吗？

在我的周边，有很多"高情商"朋友，这群人中有相当一部分人都掌握有"察言观色"的本领。他们貌似在所有的关系里都如鱼得水，时时刻刻都能察觉到对方情绪的变化，及时调整话题，或是能迅速发现身边人的需求并迅速补位。

但是，我发现具备察言观色特质的"高情商"人群普遍面临一个问题，那就是他们的内心比那些"低情商"的人更加敏感脆弱，他们也更难经受社交失败的打击。

往往，造成这种现象出现的基础性逻辑便是认为自己的付出应该获得同等的回报。然而一旦期望没被满足，便会有失望、沮丧、愤怒等负面情绪出现，但他们又会将这种负面思维内化成自己的缺点，从而在社交中变得更加敏感脆弱。长此以往，就会形成一种"为了让大家喜欢我，我要更加努力甚至不惜牺牲自己去取悦别人"的思维，陷入"取悦症"的陷阱。

我身边就有一位取悦症"重度患者"，她只要与周围的人发生争吵，便会出现不同程度的身体反应。后来，当她拥有伴侣之后，这种身体反应变成了呕吐。

"我常常一边哭，一边抱着马桶吐。我知道那只是一些小事，但我就是控制不住得恶心。"

然而，如此注重与人维持良好关系的她却没有获得更多的朋友，她被排斥在一个个的"小团体"之外。这让她相当困惑，她不知道到底是哪个环节出了错，于是变得越来越没有自信。

造成"察言观色"现象出现的原因是多方面的，它可能和你小时候生活的经历有关，比如你有一个强势的父亲或母亲，比如你有过寄人篱下的经历；它也可能与你所处的环境有关，比如你在职场中学到的生存技能，比如你曾受到重要他人的指责和评价，或是曾经受到重要事件的影响等等。

心理医生布莱克基于二十余年的临床研究，曾出版过一本《取悦症》，专门用来剖析"取悦者们"的心理状况，她将其成因总结为三个类型：认知型"好人"、习惯型"好人"和情感逃避型"好人"。其实往往这三类都会同时出现在取悦型人格中，让人在社交中处于劣势，产生更多的负罪感。在这样的思想影响下，就会形成"冲突避免"的心理。在这样的情绪之下，我们害怕他人愤怒、畏惧对抗、担心与他人发生的一切冲突，而在冲突发生时，则会将所有的错强加在自己身上。

当年我刚参加工作的时候，负责某场重要活动的现场对接。为了更方便地工作，我忽略了老板两次让我撑伞的提醒，自以为非常出色地完成了整场工作任务。

事后，我的老板询问我："你知道我为什么让你撑伞吗？"我自然而然地认为他是在关心我的身体。

但我的老板却说："一个女孩子站在雨中忙前忙后，你以为自己将所有人都照顾得很周到，但在外人眼里，你知道他们会怎么想我们吗？他们会觉得，这个公司非常冷漠、不近人情，只知道让一个姑娘冲锋陷阵。所以以后要记住，在职场中的很多场合，照顾好自己是你做所有事的前提。"

看吧，你以为你是在做对别人好的事，但其实却给别人造成了困扰。我们以为的"察言观色"，其实某个程度上也不过是自我满足与想象的狂欢。

" 寻找丢失的自己 "

作家蒋方舟曾经在某个节目中说："真正能够欣赏到你的人，永远欣赏的是你骄傲的样子，而不是你故作谦卑和故作讨喜的样子。"

在纷繁复杂的关系里看见自己，是我们在这个日趋多元的世界里需要具备的能力。如何成为一个拥有正确自我认知的个体？如何在与人交流的过程中实现良性互动？或许可以从以下几个方面入手。

首先，从关注他人到关注自己。

一个社交敏感的人，大多都是不自信的人。前些日子我和几个好友去一家网红餐厅打卡，按照"聚餐传统"，每道菜上来前大家都疯狂拍照，就连一向不热衷发朋友圈的 Sun 对此都颇为上心，将图片修了又修，和大家一起拼成九宫格发布在网上。

然而吃饭结束，Sun 发的那条朋友圈状态消失了。

"我删掉了。"问其原因，她跟我说："大家都不点赞，说明他们可能并不想看到我的这条状态。发了也没什么意思，还会让人误会我是在故意炫耀什么，我觉得没必要。"

在社交变得更加便捷的现在，点赞数好像成了我们人缘好坏、朋友多寡的重要衡量指标。然而，当你试着不要那么在意别人的评价，只关注自己的心情，一切会变得不一样。

其次，从内部归因到外部归因。

在社交中，我们会存在某种思维定式。即当与他人意见不一致时，我们往往会按照自己的认知进行推论，将问题的原因归结在自己身上。

比如，当别人说的某句话刺痛了你，我们的第一反应是"他对我有意见"。在这里，"对我有意见"实际上便是一种"内部归因"，这个问题的主要发生人是"我"。长时间的内部归因，会让我们的人际关系变得越来越糟，也会让我们变得越来越缺乏自信、怀疑自我。

倘若我们转变思路，当我们将对方的不当言论解释为"对方情绪过于激动，是无意之举"或者"对方是因为误会了这件事情的经过才得出这样的结论"时，我们就会心平气和地进行二次沟通，更好地解决问题。这样的思维方式，就是"外部归因"。

外部归因能帮助我们聚焦问题本身，避免对他人负面猜测，同时增加自信感，让自己能够更加理性地看待自己和他人。

最后，从否定自我到接纳自己。

接纳自己本身并不是一件容易的事。欣赏自己的优点很简单，但鲜少有人能够面对全部的自己。

当代社会以"以瘦为美"的审美观让越来越多的人患上了身材焦虑症。在某一段时间，我近乎病态地看网络上的细腰视频，尽管周围的人都跟我说我并不需要减肥，可是与视频中的人相比我仍觉得自己不够完美。于是我拼命地健身、控制食量，希望自己也能跟她们一样成为"腰精"。一段时间后，我开始因为自己喝了一杯奶茶而负罪感满满，因为自己多吃了一口肉而否定自己不够自律，我在镜子前停留的时间越来越长，对自己的外貌评判标准越来越高。健身没有带给我健康，反而带给我沉重的心理负担，特别是当我发现自己已经如此努力，可是体重并没有下降的时候。

当我开始长时间地被不幸福侵蚀，我才猛然意识到其实我做这些事的起因，都是因为我没有完全地接受自己的身体。

承认自己的优点，但同时也承认自己身上的不足，然后愉悦地接受它。学会与不完美共处，这样我们才会变得愈加美好。

化解社交恐惧症的3个有效方法

＇社死＇，从自我介绍开始

新员工入职培训班开班仪式上，有一个重要的环节就是让参加本期培训的成员进行自我介绍。

与以往的自我介绍环节不同，这一次的培训班开班前我们便已经提前告知所有参训成员，在这个培训班上，所有的活动都会被打分，而最后大家的成绩将作为大家调岗、定岗、提拔的重要依据。

当天，我作为活动的策划方，也是每一场活动的评分员，坐在第一排正中间。一群刚从校园走向社会的学生们依次上台，或谈吐大方、诙谐幽默，或满腹经纶、出口成章，就在我们正感叹新一代年轻人活力满满的时候，台前走来了一个女孩。

女孩明显紧张得有些过分了，她在台前低着头，视线紧紧盯住面前的话筒支架，脸红得发紫。

别人能讲满五分钟的自我介绍，她只讲了三四句话就匆匆下台，声音还带着明显的颤音，三四句话间，她逻辑上的混乱暴露无遗。

这样的差距对比明显又残忍，和我坐在同一排的评分员暗暗摇头，评分表上的分数相应地也并不怎么好看。

之后的几天，我注意到这个小姑娘似乎有些"异样"。

集体用餐时，其余的人都三五成群地聚在一起，只有这个女孩低头拨弄手机；有时走在路上遇到她她总是戴着耳机，远远地看见我们，她要么改变方向，要么顿住脚步；课程中的发言环节，这个女孩几乎一次都没有举过手。

最后一天，我们几个评委将学员的成绩进行汇总，为他们进行岗位分配。其中选拔出了几名表现优秀的学员作为储备干部进行培育，显然名单里并没有那个女孩。

我看到有评委在女孩的评价单上写道：表现力欠缺，凝聚力不强。

实际上，在最初，这个女孩是这一批学员里我们想要重点培育的对象之一——名牌大学毕业、各类荣誉傍身，在一对一面试中取得了颇高的成绩。

她最后被剔除在名单之外，我觉得有些可惜。

事后，我单独联系了女孩。"我社恐，正常交流没问题，但是不敢上台。"女孩垂眸，"在得知这次培训最开始要做自我介绍时，我就知道自己没戏了。"

如果将"社恐"患者害怕的事进行总结，估计会罗列出一大堆日常场景。比如走在路上和认识的人"狭路相逢"，没话找话"尬聊"的时候；剪头发时，理发师围在自己身边不停地推销办卡的瞬间；若是学校或公司举办各类联欢活动，强制要求每个人都上台表演节目，"社恐"患者恐怕要难过到流泪。

"社恐"，已经成为当代许多人的通病。

" '社恐'不可怕，自我怀疑才可怕 "

"社恐"，在心理学中属于焦虑障碍的一种，也称"社交焦虑障碍"。

"社恐"的主要表现一般为：在外与人接触或在公开场合会出现焦虑和自主神经症状，诸如紧张、脸红、心跳加速等。患者明知恐惧反应不合理，但仍反复出现，难以自控。

据世界卫生组织统计，社交恐惧症已经成为仅次于抑郁症和酗酒的世界第三大精神健康问题。很多人都存在不同程度的社交恐惧。

大家都以为内向、不喜社交的人更容易存在"社恐"困扰，实则不然。患有社交恐惧的人，大多是那些渴望社交却又无法应对自如、渴望能够流利地在众人面前展示自己却又无法通过努力战胜自己的人。这些人往往更加期待周围的正向评价，也更加害怕孤独。

对"社恐"患者而言，"社恐"本身其实不可怕，由"社恐"所产生的自我否定、自我怀疑才可怕。

有一次，我们公司领导为了增强团队凝聚力，突发奇想地要在公司内部开展"今日我来讲"系列活动。各部门每个月选派一名员工，自定主题在全体员工大会上进行公开演讲。

制度一出，全公司"社恐"患者集体崩溃。

公开演讲、拍照宣传、员工围观，这样的场面光是闭眼想想就是大写的"社死"。

办公室新来的妹妹成了首个演讲幸运儿，接下来的一周里，我每次看见她，她不是在念稿子就是在背诵。大家看她这么努力，都调侃她让她不要表现得太好，别把基调拉得太高。可是演讲当天，精心准备了一周的姑娘在台上当场忘词，那一刻我看到了她眼眶通红。

"我很努力了，我真的很努力了。"下台，女孩的眼睛已经泛了红，"我上台的那一刻就觉得无法呼吸、大脑一片空白。我知道坐在下面的都是我的同事，我没必要太紧张，可是我也知道他们都在盯着我看，我克制不住自己的紧张。我对自己好失望，为什么我会这样？"

网络上一位作家在爆出丈夫婚内出轨时写的这样一句话让我印象深刻，她说："我一直是个不合群的人，不懂这个世界有哪里值得留恋。他曾经是我唯一的光，让我相信，这个世界上还有美好的事物，还有人无条件爱着我支持我，还有人没有我就活不下去。"

我并不认识这位作者，不了解她的情况，但是光看到这段文字就觉得无比难过。

"不合群"就像"社恐"患者们怎么撕都撕不掉的标签，但其实，无论他们装得对这个世界如何淡漠，他们都还是希望能接触爱、获得爱。所以，一旦他们获得了某个人的示好，这个人就成了他们唯一的社交源泉，他们将自己的全部情感投入其中，仿佛扑火的飞蛾。可往往事与愿违的是，这样热烈的付出大多并不会得到圆满的结果。

事实表明，情感的过度依赖在亲密关系后期会加重伴侣的压力和负担，从而导致他们的情感逐渐向外转移，最终出现想要逃脱的情绪。而感情破裂造成的负面影响便如那位作者一样，觉得"光灭了"，觉得生活再也没有意义。

"社恐"患者面临的最大问题，就是情感的封闭以及对自己的负面评价。而扩大自己的社交面，在与人交往中获得正向评价，则有利于个人获得自信，让自己的个人情感能够有更多的释放渠道。

" 大家都是人，何苦人怕人 "

大部分人社交恐惧的形成原因，和其个人性格、身处的环境、过去的人际交往经验有密切关系。而针对不同的形成因素，我们向"社恐症"发起反击的方式也有所差别。

第一种，性格因素。

曾经有人对"社恐症"患者进行过性格调查，结果显示他们有的过于敏感、有的奉行完美。前者经常会对周边人的目光或语言过度解读，过于在意他人的看法；而后者则苛求专业，总是希望所有的事自己都能够做到毫无瑕疵。在人际交往中，过重的心理负担让他们过于察言观色，于是慢慢选择沉默，慢慢变得畏惧人群。

有人分享自己的"社恐"经历："我害怕在微信群聊中，话题在我这里终止。如果没有人回应我的话，我会害怕是自己讲的话有问题，是别人不喜欢听。"

这就是典型的"敏感型人格"。

这样的人对周围人反应的过度在意，会让他慢慢地越来越不敢在群里讲话，不敢发表独特的见解，每一次发言都只敢附和讨好，并且企求别人对自己的语言作出反应。

我身边还有一类人，他们在登台演讲时总是期待着自己能够像央视主持人那般挥洒自如，唱歌如歌星那样悦耳动听，否则就认为自己会遭到其他人的嘲笑。最严重的，是一个女孩因为认为自己"长得丑"而害怕别人看她。每次周围人的视线停留在她脸上，她就会开始怀疑对方是在注意她脸上那颗新冒出来的痘痘或是自己那双并不明亮的双眼，于是出现目光闪躲、后背冒冷汗等表现。

这则是"完美主义者"身上容易出现的反应。

马克·鲍尔莱说："一个人成熟的标志之一，就是明白每天发生在自己身上的99%的事情，对于别人而言，根本毫无意义。"实际上，我们在生活中往往也会高估他人对我们的关注度。每个人都在自己的生命轨道上拼命地跑，你的失败或成功、出丑或圆满，对很多人而言都是那么的无关紧要。如果你是敏感者或完美主义者，并且深陷"社恐"症的泥沼，不妨试着将鲍尔莱这句话多读几遍。走出去，不要因与人相处而卑微，也不要因达不到自己的要求而挫败，勇敢地接纳自己、正视自己，相信你现在的样子就很美，你值得被人喜欢。

第二种，环境因素。

由于工作原因，我认识相当多的全职作者。他们大多常年在家工作，白天睡觉，晚上码字，与外界沟通基本靠网线，每天聊得最多的人就是负责帮自己修改文章的编辑老师，聊天内容便是催稿和拖稿。这样"离群索居"的工作方式，让很多作者逐渐患上了社交恐惧症。

生活中我们常常会发现，那些从事诸如作家、程序员、设计师等"内向型"职业的人，比做销售、教师、医生等"外向型"

职业的人患上社交恐惧症的比率更高。这是因为从事内向型职业的工作者大多处在一种相对封闭的环境中，每日与他们往来的人多是亲属等熟悉的人，鲜少会与陌生人接触。语言是需要锻炼的，同样地，社交能力也是在与人相处的过程中习得的。如果任由孤独蔓延，那么我们慢慢就会进入这种"不与人交往"的"舒适圈"中，变得越来越不会和人交往，以致最后害怕和人交往。

如果你是因为周遭的工作环境等原因而慢慢不知如何与人相处，而变得对社交畏惧，那么我建议你可以趁着周末约二三好友出去吃顿大餐，或者背上行囊在空闲时去交友、去旅行，不要放弃任何一个与人面对面接触的机会。然后你就会知道，房间里网线构建出来的虚拟交友平台上的那句"在吗"，永远无法替代现实世界中的一句"你好"。

第三种，个人经历因素。

当众出丑受到了周围人的嘲笑，与陌生人相处时发生过不好的经历等等，这些负面的人际交往经历尽管已经过去，但它可能会在你的潜意识中停留，从而对你未来的行为造成影响。

某个新闻中曾报道过一位深度社交恐惧症患者，她长达一年没有迈出过家门，不敢接触陌生人，因为不敢与异性接触而一直保持单身。刚大学毕业时她也有过一份工作，后她因严重的"社恐症"而被迫离职。经过专业的心理测评，女孩被鉴定为神经性障碍社交恐惧症。在对其进行心理治疗的过程中，专家发现她最初社交恐惧感的形成与她过去的经历有关：她高中时期曾与同学发生过一次激烈的争吵，后因这件事被全校通报批评。慢慢地，只要与朋友发生争吵，她便会在潜意识中认为是自己的错，一次又一次的失败社交经验叠加，她的负面情绪爆发，最终导致她的社交恐惧症形成并不断加重。

这其实就是潜意识对人的影响。

错误的经验入驻潜意识后影响你的认知，最后阻碍你的社交行动。

破除由失败的社交经验造成错误认知的方法就是，用积极正向的心理暗示进行干预，并且找到正确的示范构建新的认知。

比如，当你在社交中发现他人对你有了正向的评价，那么记录下来，并且告诉自己过去失败的经验才是个例。当正向社交经验不断积累，你会变得越来越有自信。同时不要忽略自我暗示的力量，随时告诉自己"我可以的""我是讨人喜欢的"，慢慢地你会发现，当你不断这样暗示自己的时候，你的朋友会越来越多，你也会变得越来越自信、越来越快乐。

不要让"善"成为伤害彼此的利剑

> ❝ 周边人的善意，加重了我的焦虑 ❞

表姐在一家设计公司做了七年，突然有一天她厌倦了既定的生活选择了辞职，成了一个全职画手。作画手虽然收入不稳定，但也能保证她吃穿不愁，日子过得也还算安稳。然而，过了一段时间，周围的亲戚们得知了表姐辞职在家的消息，纷纷忧虑起来。

"你现在还年轻，不知道工作的重要。工资倒是其次，你不工作，五险一金谁给你交？老了之后你就该后悔了。"

"要是外人我也不管，咱们自家人我才多说两句。你爸妈这么大年纪了还出去打工，你自己在家躺着，压力不都转到他们身上了吗？你不为自己考虑，也得为他们考虑啊。"

……

每个人都神情诚恳，还异常主动地要帮她介绍工作、留意信息，仿佛在家工作的她，年老之后就一定会成为露宿街头的不孝之人。

在七大姑八大姨的轮番轰炸下，原本辞职之后难得迎来清闲时光的表姐也开始焦虑起来了。这种以善为名的劝诫让她进退不得，曾为了辞职挣扎许久的她开始怀疑自己当初的选择是否正确。

我身边有个朋友家庭条件相当优渥，相比较之下，她的男朋友物质条件就差了很多，但却非常有才华。我朋友在金钱方面习惯了"大手大脚"，恋爱期间一腔热血地送了男友一堆礼物，男友也总是很浪漫，会亲手给她织围巾、写情书作为回馈，每次都能让朋友感动。

后来两个人结婚了，朋友在北京三环内买了套房，在家族企业里工作，她曾经的男朋友彼时的老公继续从事着文艺类事业，和朋友组建了一支团队做戏剧，日子过得还算滋润。

前阵子我出差和这对夫妻一同用餐，发现两人的相处已是十分不自然，三杯两盏后他们开始争吵起来。

"你已经多大岁数了，不为我考虑你也为这个家考虑考虑！搞戏剧能赚什么钱，让你来公司上班你又不愿意，我真不知道当初怎么嫁给了你。"

男人不说话，这个态度让我朋友更加恼怒。

"你看看你现在这个样子，当初结婚，房子、车子全是我们家买的，现在我爸妈就是想让你去上个班，你有什么不满意的？

以后有了孩子，奶粉钱、上学钱，哪个不要钱，我们也是为了你好，怎么到你这儿就表现得跟我们害你似的。日子过得了就过，过不了就离，甭天天摆个臭脸好像谁欠了你似的。"

在朋友的语言刺激下，男人最后终于恼火，起身留下了一句"随便你，你爱离就离"之后抬脚离开。

朋友见老公离开，当即就"炸"了，伸手要抓人："你要是现在走，就再也别回来！"

声嘶力竭的样子，撕碎了成年人最后一丝体面。

我看着眼前这一幕，猜测这应该并非他们头一遭上演这样的戏码。

我拉住朋友，连连安抚她的情绪。她冷静下来才重新开口。

原来，朋友的父母嫌弃男方的职业"不着调"，希望他能到自家公司帮忙，可是却屡次遭到了对方的拒绝。朋友觉得自己老公"不懂事"，不够爱她，"我对他这么好，从谈恋爱的时候我就开始给他花钱买衣服，送他礼物也从来不看价格，从不要求他回馈我什么。现在呢，不过就是希望他有个正经工作，他却连这个都不答应"。

说完了这件事，朋友又开始列举男人"不爱她"的种种表现："以前恋爱的时候，他会经常哄我开心，我给他买了礼物，他都会给我回礼。虽然没有多少钱，但都是个心意。谁知结了婚就原形毕露了，不要说礼物，连话都很少说，到家倒头就睡，饭也不做，碗也不刷，我当初就该听家人的话，跟他分手。"

朋友口口声声说对男人没有要求，可是话中的每一句都像是一把利剑，插在了男方的自尊之上。

曾经买过的房子、车子，买过的衣服、鞋子，所有付过的金钱都以另一种形式压在了她丈夫的肩膀上，打着"为你好"的名义要求全部还回来。

这种"我给你花钱，所以你得听我的""你得为了家庭牺牲梦想"的强买强卖，本身就是一种不平等，但它被赋予了一个好听的名字，叫作"以善为名"。

❝ 没有谁是谁的救世主 ❞

"以善为名"这样的情况我们在社会交往中会无数次经历。

家长与孩子之间、情侣之间、上司和下属之间，"为你好"就像是一个魔咒，束缚了我们的行为，捆绑了我们的思想，让我们每一个人都走在仿佛被准备好的"老路"上。而那些打破规则的人，则被称之为特立独行的"危险分子"，被扣上了"乖张"的帽子。

但是，为你好，就真的是为你好么？

学会区分什么是真正的"善"，什么是有目的的"善"，可让我们在进行人生决策的时候能够把握方向，更能够让我们不会成为善良的"施暴者"。

有一种"善"，是为了满足自我的期待。

每年高考结束，我都会接到很多家长朋友的问询电话，不少人会拿着自家孩子的成绩，向我询问孩子该上什么学校和专业。大多数家长都会根据孩子喜欢的地域和感兴趣的专业方向进行咨询，然而只有一位家长，也是我父母的朋友，在跟我通话时开口便是："你知道哪个专业最赚钱吗？"

然后，他就"赚钱"这个话题，与我展开了讨论。

"'造价'这个专业以后是干吗的？能赚多少钱啊？你有没有认识的朋友是从事这个专业的？你学的什么专业？对了，是社会学是吧？那应该不行，听起来好像不是很好就业啊。"

在这样咄咄逼人的压迫下，我多问了句："你家小孩有什么意见？"

他的回答更为直白："他没有意见，我们给他报啥就是啥。上完大学还是得考虑就业的问题。"

对于这点，我颇为不赞成。考虑到两家的私交，我便多说了句："大学是他自己在读，你们还是要听听他的想法。毕业之后从事的工作，很多都跟自己本专业毫不相干。现在选一个他喜欢的，他过得也会快乐很多。"

结果这位家长却立刻拿出那一套"经典"语录反驳："你说的不对，他什么都没学过，怎么知道喜欢不喜欢，我们这都是为了他好，即便是他不喜欢，但等到毕业了就知道我们的良苦用心了。"

于是，在精挑细选下，他们为男孩选择了南京的一所高校。

隔了一年我恰巧去南京出差，正好住在这所高校附近，便约男孩出来吃饭。

男孩唉声叹气，抱怨课业压力太大，而他本人对这个专业丝毫没有一点儿兴趣，他正在筹备开学的转专业考试，希望能够"逃离"现在的情况。

这个例子中的父母之"善"，实际上就是非常典型的补偿式劝告。当个人的需求没有得到满足时，我们往往会倾向于将这份期待转移到他人身上。

比如，有人劝你结婚务必找个有钱的对象，那可能她的另一半家庭条件就比较拮据；劝你以后考公务员的贪图稳定之人，可能自己本身安全感比较弱；劝你找个好专业的，可能对方本身对自己的专业不太满意。

双方关系越是亲密，就越容易发生情感转移，因为对方"无私地"希望你能好。但需要警惕的是，这种"好"背后其实还有一句隐藏的话，就是"别像我一样"。

他们认为自己走了"弯路"，就是因为选择了A，所以期待着你能够选择当时他们没有选择的B，就为了一个不同的结局。但往往是否B就是人生的唯一答案，这一点需要那些被鼓励者自己甄别。

有一种"善"，是为了要你对我更好。

"善"本身是一个褒义词，它往往带着某种无私、友好，仿佛是不求回报的。

但实际上，我们遇到的很多"善"是带着某种倾向性的。

我的富二代朋友给予男朋友金钱和情感，她嘴上说"我不图你什么，我就是爱你啊"，可是却仍旧希望对方能够为了自己放弃热爱的戏剧事业，转而去公司获得一份体面的工作，理由是"为了你好、为了我们这个家好"。

我在学生时代，我母亲经常会对我说："我在你身上付出了这么多的心血，你以后要是没出息，你说你对得起我吗！"

曾有这样一则社会新闻，一对夫妻资助了某个贫困大学生，大学生很争气，一路从乡下考到了重点大学，他找到了这对夫妻表示感谢。当时的电视台做了很好的正面宣传报道，然而没想到的是，过了几年这个大学生与这对夫妻对簿公堂，原因是这对夫妻见大学生如今有钱了，便一直以"恩人"的角色对大学生进行勒索。

他们认为，没有自己的资助就没有大学生今天的成就，乌鸦尚且知道反哺，现在他们经济状况不太好，大学生也有帮助自己的义务，否则便是"不知感恩"。

曾经的"善"成了伤害彼此的利剑，也成了大学生的心理枷锁。

这样的善意，其实带着某种压迫感，因为接受善意者此时会感受到某种责任感，并且带着某种程度的"道德绑架"，增加我们的心理负担和压力。

　　这种善其实也和我们寻求心理平衡有关，我们在从事某件事前，总是会习惯性地进行某种"投入回报比"衡量。比如我们养育子女，会希望他们能够知恩尽孝；我们努力爱伴侣，会要求他们以同样的爱意回馈我们，这就是我们最原始、最朴素的交换。

　　这种"为你好"的背后，其实也有"为我好"。

　　有一种"善"，是为了撑起个人的面子。

　　很多企业或个人，对自己的捐款行为大张旗鼓地报道，其实背后隐藏着某种"面子"上的事，它不但是一种慈善行为，也是一种宣传行为。

　　因工作的原因，我认识这样一位老板，他是个热衷公益事业的人。每一次捐款，他都要带着专业团队拍照录像，并且请各个媒体宣传报道，以此树立自己的形象。甚至在他们的圈子中，一度还形成了"攀比行善"的风气，他们以自己捐赠了多少钱为荣。

　　当然，于社会而言，这是一种值得提倡的行为，但从出发点来说它的内核并非属于"不求回报"的善。

　　我身边还有一位比较好面子的母亲，每逢聚餐便喜欢在餐桌上大肆吹捧自己的女儿有多么优秀。我私下了解到，她在女儿的培育上花了很多钱，为了让女儿更漂亮，初中起就带她去韩国微调整容，请钢琴老师来家中授课，励志让女儿成为名媛淑女，长成她期待中的模样，这样才能成为她的谈资。

　　可是这样的"善"并不能让人觉得幸福，因为后来我听闻她的女儿患上了严重的抑郁症，在服药自杀的时候被救了回来。这件事之后，这位母亲在聚餐时就再也没提过自己的女儿。

这样的"善"，带着压迫感，甚至有某程度的哗众取宠的意味。往往希望取得这样效果的施善者，通常是希望能够通过这样的行为吸引大家的注意力，满足内心的虚荣感。

辨析周边人"为你好"的言论，当然并不是要我们抵制周围人的"好言相劝"，也不是拒绝成为一个良善之人，而是希望大家能够拥有在纷杂声音中聆听内心、减少焦虑感的勇气。

我们成不了别人的救世主，相应的，这个世界上也没有人能成为我们的救世主。唯一能帮助我们进行选择的，只有我们自己。

❝ 不必要求他人善良，但请对自己慈悲 ❞

"有所求"的善更趋近于我们日常需要应付的生活。

并非所有的劝告都必须遵循，如何让善言真的能够帮助到自己的生活，而非为我们增加焦虑，是我们需要学会的一项技能。听起来有点复杂，但实际上只需做到以下三点。

1.认清自己的问题与处境。

只有清楚自己正在做什么、处于什么位置、能够对自己的选择进行个人风险预估的人，才能迅速进行信息分类，区分出哪些"好言相劝"是有用的，哪些是无用的。大多数的迷茫，都是因为在没有做好选择的情况下进行了决策，对困难预估不全，没有面对结果的勇气。

去年我在和一位企业家用餐的时候，聊到了他初入金融圈的经历。

"我和我爱人其实最早都是体制内的员工，当时我要辞职下海经商，家人全部都不同意。我父亲就是农民，在家种了一辈子的地，家里有个当官的简直是祖坟冒青烟的事儿，结果我要辞职，他跳起来和我吵架。那时候街坊邻居轮流来我家做思想工作，其实在那个时候，我继续踏踏实实在体制内干下去，是很稳定的一条路，在小城市，我和我爱人这样的情况能过得很舒服。"

可是周围人的好言相劝并没有阻断这位企业家的决心，他分析了自己当时的工作情况和生活处境："那时候再工作个两三年，我能升到科长的位置，这对一个年轻人而言其实速度很快了，只是我认为稳定的工作并不是我想要的，这样一眼望到头的日子我觉得很没劲，我想要闯闯，想看到自己的能力极限。那时候我老婆也是在体制内，只要她不辞职，我们的存款就可以支撑那个阶段我们的生活。我询问了她的意见，她说愿意支持我，所以我毅然辞职了。"

当我们自己能够承担选择的最坏结果，并且自己对进行某件事有坚持的勇气，那就放手去做。

2.了解自己的目标和期待。

你想要的是什么？你做这件事究竟想达到什么样的结果？然

后按照成功的方向去采纳谏言，能够让你距离成功更进一步。

前阵子我联系了辞职后正在焦虑中的表姐，她正在继续待业与找工作之间迷茫摇摆着。

"我做全职画手其实也能赚钱，并且时间充裕，但是周围人的劝说让我不确定了。以前我接下一个画稿单子的时候就会很开心，现在接单子的时候就会不自觉开始思考做完这一个还有没有下一个单子让我做，我感觉自己被剥夺了快乐。"

但是，如果最初表姐辞职的目的只是做一个全职画手，并且希望把这作为自己的职业在这一行长远发展，那这样的瞻前顾后、左右拉扯只会让她变得越来越犹豫。

听从建议并不是全部吸纳，而是需要根据自己的目标，有选择地筛选。

所以我给出的解决方案是："如果你承担不了未来辞职的风险，但又想坚定梦想，那不如限定期限、制订计划、设定目标，而在这个阶段，你要听的建议并不是家人的劝告，而是你圈子里前辈的建议。"

给自己的选择一个缓冲期，适当屏蔽阻碍信息，对于缓解情绪焦虑有很好的作用。

3.明确自己的方向和未来。

实际上，这个问题和上一个需要探讨的观点有相似之处。

你究竟是个什么样的人？什么样的路才是适合你的？你的未来又想要实现什么样的生活？你是否有这样的能力让自己实现这

样的追求？都是我们需要衡量的标准。

前段时间，有一位正在念大四的作者在网上找我诉说烦恼。

她去年开始写作，并且在网站赚到了一些钱，每个月的平均稿费所得已经超越了她父母的工资。

"我现在每天都想着写文，完全不想上课。现在正面临写毕业论文、找工作的关键时期，但是我完全沉不下心来，我现在觉得毕不毕业都无所谓，反正毕业了我回家也是随便找个工作，拿着每个月三千多的薪资，还不如就一直写作，赚得比较多，时间还自由。我想放弃学位，但是我家人现在完全反对我这样的做法，我是否该听取他们的意见？"

我们在生活中确实会遇到短期利益扰断正常判断的情况，让我们以为自己未来发展的方向就是这样的简单。

这个时候需要拉长时间线，权衡个人决策的综合因素。

学位所对应的，不仅是过去十几年寒窗苦读所付出的努力，它还是个人在社会中的有效竞争力。在考虑近期利益的同时，忽略个人未来发展中对风险的评判，放弃学位、全职写作之后，一旦写作所在的网站红利被耗尽，没有任何学历、技能的她就将受到严重的职业创伤。综合这些因素考量她本人是否能够承担这样的风险，这是重中之重。

善意，无论是施人以善还是授之以善，都是架构在独立人格和足够自尊的基础之上。不让"善"成为自己焦虑的来源，但也不要让自己的善成为压倒别人的稻草。

　　我有一个朋友，自从结婚生娃之后就热衷于劝人赶快结婚生孩子，并且一再强调现在的自己有多么幸福，自己的孩子是多么可爱。在某次聚会中，一个丁克终于无法忍受："你的幸福构想，是我恐惧的未来，每个人有各自不同的生活方式，以后请不要再和我说这样的话了。"

　　我们没有必要要求他人事事给我们纯粹的善良，但自己对自己慈悲却是幸福的唯一密码。

我们什么时候才能摆脱比较的人生

> ❝ 全班那么多人，为什么非得是我得第一呢 ❞

"全班那么多学生，为什么人家就能考第一，你就不能？"

小时候，我们和家长总在考试的问题上出现分歧。全班第一的和年级第一的比，年级第一的和全省第一的比，全省第一的和全国第一的比，好像不管我们多努力，永远都达不到他们的标准，他们总是能有让我们继续努力的理由。

前些日子我同事跟我说，现在小孩压力太大，除了正常上课，周末还要参加各种兴趣班，没有一天是休息的。

我听了不免惊讶："为什么不让她休息休息？"

"别的小孩都是这样啊！"

因为不想让自己的孩子输在起跑线上，所以他家的孩子也只能拼命地跑。

　　我堂妹从小就是年年考第一的学霸，高考以全省理科第四名的成绩如愿考入清华，从小到大她都是让我妈揪着我的耳朵让我学习的对象，是传说中"别人家的孩子"。可前些天我堂妹居然跟我说，她从小到大最忌妒的人是我。

　　我实在不知道自己究竟什么地方能入她的"法眼"，追问原因她跟我说："写作一直是我的短板，可是你作文却特别好。每次只要你获奖，我妈回来准骂我一顿，让我向你学习。后来因为怎么都超不过你，我甚至都讨厌语文了。"

　　一个理科成绩不及格的人居然有幸成为学霸的被比较对象，受宠若惊之余我觉得有些不可思议："我只有这么一个拿得出手的优点，在这方面你也想比我强，真是打算全方位无死角地碾压我啊！况且人和人之间的差异性本身就在，你为什么非要跟别人的某些优势比较呢。"

　　"不然呢？"堂妹觉得惊讶，"当然是要跟好的比，不然要怎么进步呢！"

　　在我们的思想里，看到这个人在某方面表现突出、优秀，好像就一定要比一比才行。比得过，心中暗爽后再找新的比较对象；比不过，心里的好胜心就被激发出来，非要压过对方一头才行。

　　此前，和我同年入职的姑娘和她相恋了六年的男友分手了，原因甚是荒谬，居然是因为她发现公司同事找的男朋友比她的好。

　　她私下跟我吐露心声："她长得不如我、家庭不如我、性格也不如我，凭什么能找到对她又好、长得又帅、家里又有钱的？况且我周围所有人都跟我说，他们觉得我男朋友配不上我。"

在这样的思想下，那个女生心里越发不平衡，看他男朋友也越发不顺眼，两人争吵不断，最后分手。

后来有段时间我和她没了联系，直到前阵子我们因为工作又有了交集，在谈及感情状况时，她表示自己自从分手之后就没有再谈过恋爱，"刚分手那会儿我想找个比那个同事的男朋友更好的男朋友，还答应了跟别人相亲，可是怎么都不来电。夜深人静的时候，我总是想着我跟前男友过去那几年的点点滴滴，也逐渐觉得有些后悔，后来我再想跟他复合的时候，他却已经有了新女友。"

"那时候我还是年纪小，总是不服输，连自己的男朋友都要跟人比一比。可如人饮水，冷暖自知，也只有自己知道，适合自己的就是最好的。"

❝ 幸福与不幸福，都是比出来的 ❞

前些天，一个朋友跟我说自己将微信朋友圈的入口关闭了，我询问原因，她说："感觉所有人都过得比我好，天天看大家晒幸福我容易心理失衡。"

别人上班的时候，总有人会在朋友圈晒自己出去快乐游玩的照片；不管大小节日，总有贴心的男友给你朋友圈里的女生送超大额的红包和礼物；刚觉得减肥成功了，朋友圈里的帅哥美女又开始狂晒直角肩和腹肌照……总之，他们是我们知足常乐道上突然冒出来的一块块绊脚石。

我跟朋友说："看看就行了，不往自己身上套不就行了。"

她回："我忍不住。"

同样受到朋友圈困扰的，可不止我的这位朋友。

此前一个大四的学生找我进行心理咨询，因为她发现自己的内心越来越阴暗，根本无法真诚地祝福别人。

"最近我的压力很大，特别讨厌别人在我面前晃。我从宿舍搬了出来，可是他们的信息还是无孔不入地渗透到我的生活中。我的舍友几乎都已经写完了毕业论文，并且有的拿到了非常好的offer（录取通知），还有确定保研的朋友在朋友圈晒自己的旅游照，好像就我过得最惨。前几天我一个朋友说找到工作了，要请包括我在内的几个朋友吃饭，我一点儿都不想去，我总是忍不住地想，要是他们过得都跟我一样惨就好了。"

这位学生问我："我是不是得了什么心理疾病？我现在好难过，比较让我变得有些愤世嫉俗，让我觉得自己连最基本的善良都没有了。有时候我知道我要祝福他们，我知道总会有人比我过得好，这我得接受，但我就是控制不住自己。"

我们明知比较会让我们的心理失衡，可为什么常常出现陷于比较并停不下来的现象呢？

　　1954年，社会心理学家利昂·费思汀格提出社会比较的概念。他认为，个体会以他人为比较的尺度，来进行自我评价，并以此判断自己的社会地位以及社会特性（诸如个人能力等）。因此，比较是一种普遍存在的社会心理现象，无可避免。

　　而在比较对象中，费思汀格提出"相似性假说"的定义，认为个体往往更加倾向和自己能力相似的人进行比较，比如我们往往不会和比尔·盖茨比较月收入，但是却会不自觉地以周边朋友、同事作为衡量对象。这也就是说，我们或许能接受那些和我们距离很远的人比我们优秀，但是并不希望与我们曾经在一个起跑线上的人过得比我们还好。

　　朋友圈聚集的都是同龄人，与我们的生活有着直接的交集，更容易引发内心的妒意。一般情况下，当个人公开发布关于自己的信息时，都会将自己最好的状态呈现出来。这种不对称信息会影响我们对个人的印象判断，会放大对方想要展现的一面。比如我们会看到他考试取得了高分，却没看到他熬夜复习；看到了他在工作日旅行，却没看到他通宵加班。

　　这样迅捷、片面的获取信息方式，就会出现我们拿自己真实的一面与对方有时刻意包装出来的一面进行比较的现象，从而加剧我们内心的不平衡感，降低幸福感。

　　我们可以选择关闭朋友圈入口，却切不断我们与社会的联系。于是，我们有源源不断的同辈压力，有持续不断的认同迷茫。

　　可实际上让我们感到不幸福的永远都不是比较，而是我们的思维方式。

此前受到同事的影响，我开始对一些花花草草感兴趣，还被拉入了一个"拈花惹草"的群，里面都是一些对花草感兴趣的前辈们。

其中，一个叫"胖妞"的大姐引起了我的注意。

她的家庭条件看起来并不好，她养的花没有一盆是昂贵的，全都是路边随处可见的小野花，而且每天发在群里的照片能看到阳台上裸露在外面的红砖，还混着黄色的泥土，与我们平日里精心拍摄发在群里的美丽花朵相比，带着格格不入的寒酸。

可是她却丝毫不显尴尬，并且特别珍爱自己的花，不仅给每一盆花都起了名字，还会在群里和我们介绍花的来历。

"这盆野菊是二哥下班送给我的惊喜。"

"这个盆里的土是二哥亲手帮我换的。"

"二哥"是她老公，一个外形有些粗犷的东北汉子，是个在工地打工的普通工人。我虽然没见过他本人，却听到了他很多"宠妻"的故事。他会在周末骑着他的电动三轮车带着"胖妞"去"兜风"，或者去超市买一块打折的猪肉；还会一时兴起亲自给"胖妞"包一顿饺子，每一个都饱满得像个金元宝……

"胖妞"总是在群里向我们描述他们的日常，他们的生活贫困到我无法想象，但是哪怕是一朵野花都足以让"胖妞"开心雀跃。

前几天下班，办公室的妹妹踌躇着找到我，说想要询问我一点私人问题。

"我不知道要不要和现在的男朋友分手。"

女孩情绪低落："他对我特别好，可就是家庭条件不太好。我爸妈对此不太满意，担心我嫁过去吃苦，他们每天给我洗脑，导致现在我也变得有些不坚定了。"

于是我跟她讲了"胖妞"的故事，她沉默了良久。

生在蜜罐中的我们活在不断的比较中，视线一直盯在我们不甚完美的地方，我们想要各方面都比别人好，却忘了我们的生活、我们的情感、我们的感受原本就是独一无二的。

他强由他强，清风拂山岗

我们的生活无法停止比较，可是如何利用比较，让它帮助我们成为更加积极、健康的人，而不是整日郁郁寡欢，活在"见不得人好"的阴暗之中，这需要学会比较的智慧。

首先，我们需要搞清楚比较的方向。费思汀格指出，社会比较是具有方向性的，分为向上比较与向下比较。向上比较是指与那些比自己优秀的人进行比较，长期与这类人进行比较，会降低个人的自尊心与自我效能感，让我们丧失自信；向下比较是指与那些不如自己的人进行的逆向比较，从而提高自己的幸福感，让自己获得相对自尊感。

实践证明，适度的向上比较会促使个人奋进，增强个人的行动力与执行力，但过度的向上比较则会降低个人幸福感，让自己出现挫败情绪，不利于自信的形成。我们的教育从小就让我们形成了"谦虚低调"的好品质，当个人取得好成绩时获得的往往不是家长的夸赞，而是"继续努力，比你成绩好的还有一大把"，就好像我们以为越过了一座山丘，但再抬头还有无数个，自信就是在这一次次的绝望感中被磨灭，我们的幸福也在这之中消逝。

同样的，还有一些人喜欢将"比上不足，比下有余"挂在嘴边。的确，向下比较能够让我们生活得更加舒适一些，但也有研究表明长期向下比较会让人生活在安逸圈中不思进取，不利于个人进步。

选取恰当的比较方式，找寻到合理的目标进行比较，当你觉得自己完全被他人的优秀碾压时，向下看看，让自己知道还有人不如你；当你沉浸在安逸圈想要懈怠时，向上看看，努力与那些优秀的人看齐。或许，我们的大脑比我们更知道如何作出选择。

其次，找到自己的比较优势。我们总是容易陷入自我为是或过度自卑的陷阱之中，而这种认知偏差往往来自我们无法正确地认识自己。你的梦想是什么？未来想要成为一个怎么样的人？你的个人优势是什么？这些都是我们找准方向的关键。我那个考入清华的妹妹从小立志要成为科学家，初中时就在数理化方面展露出惊人的领悟力，却偏偏要和我这个只有作文拿得出手的文科生一较高下；同样的，我家小侄子从小就是个五音不全的音痴，前几天却要放弃美术班去学音乐，起因是他们班有个男孩子在联欢晚会上一展歌喉，赢得了他的钦羡，于是他也想要走上音乐道路。

这个世界上比我们优秀的人很多，我们无法做到事事完美，但却能够在自己的专长上深耕。树立行业榜样并向其学习，将目光放长，将每一次的比较都化为前进的动力，等到低头向前跑了很久之后再回头，就会发现不知不觉你已经超越了很多人。

最后，将比较对象"具象化"处理。当我们开展某项研究时，我们往往会对实验对象进行量化，从而研究它的特性或以其变化分析自己的实验成效。倘若无法测量，那么我们就不知其变化。有意义的比较，永远都不是看到他人好便出现或羡慕、或失落的情况，而是分析你所比较对象的特质，将其量化成为你想要达成的目标，并且努力追赶它。比如，当你羡慕一个人在朋友圈秀出的好身材时，你可以设定自己满意的体重，并以此为目标制定方案；当你羡慕一个人满腹经纶、出口成章时，你可以罗列书单让自己每天坚持读一部分，注重积累。值得我们比较的，永远都是可追赶、可量化的东西，而那些虚无缥缈的，看看则罢，于我们的人生而言并无意义。

前些天在"拈花惹草"群里，"胖妞"开心地告诉我们，她终于有了自己的小花园。她的"二哥"将阳台裸露在外的红砖和泥土用白格瓷砖进行了修茸，不知道在哪儿淘了两个巨大的铁架充当花架，上面铺着淡绿色的桌布，花草依次摆在架子上，还真有几分世外桃源的味道。

我们隔着屏幕都感受到了"胖妞"的开心，"胖妞"告诉我们，幸福是无法被人剥夺的，哪怕在外人看来你过得不如别人。

他强由他强，清风拂山岗。找准自己的人生节奏，该停则停，该冲就冲。

停止情绪内耗，
终结生活疲惫感

第二章

Chapter 2

找回专注力，开启你的高效人生

专注力都去哪儿了？

前几天我翻看小侄子的家庭作业，发现他因为一个错字被老师罚写了50遍。作业本的前一页还算工整，可到了后面就开始错误百出，不是少了一撇，就是缺了一捺。我指着错字无奈地教训他："你能不能认真点儿？"谁想他亦气鼓鼓的："我很认真的，我抄了半个小时呢！"

抄半个小时越抄越错就算了，他居然还振振有词。我生气地戳着本子："认不认真又不能用时间衡量，你得用心啊。"

我的梦想是成为一名全职作家。研究生毕业那年，我便潜心创作。然而，当写作成为我的日常工作时，产出却意外地变得极低，经常电脑开了一整天，却只写了几百个字。最后，濒临破产的我只得放弃梦想，投身职场。

后来我认识了一位人送绰号"码字机"的作者，她平均每小时能输出4000多字，平均日更1万~2万字，只要坐在电脑前，她的大脑和双手就会像安了马达一样高速运转。我向她讨教写作秘籍，她只和我说了俩字："专心。"

细想确实如此。就我自己而言，经常是书摆在面前，思绪却早已飘远；工作放在手边，眼睛却盯着手机狂欢。结果时间过了好几个小时，该读的书和该完成的工作，没有一点儿进展。

想到这里，我有些羞愧，我刚义正词严地教育完自己的小侄子，结果发现自己同样无法做到专注。

专注力不足似乎早已成为普遍现象。近些年随着电子产品的普及，外在刺激逐渐增多，我们的专注力更是在直线下降。据美国国家生物技术中心发表的一项研究显示，2000年时，人类平均专注力是12秒，然而到了2013年，成人的平均专注力已只剩8秒11。值得注意的是，金鱼的专注力都能维持在9秒，也就是说，我们的专注力甚至比不上一条金鱼。

❝ 多重任务来袭，一心多用是唯一的方法？ ❞

同学毕业后在一家企业做总经理助理，前些天她向我发微信抱怨："完了，我犯了个大错！我有一篇发言稿忘写了，明天早上八点开会，现在经理一直打电话催我，跟我要稿子。"我很惊讶："这么重要的事，你怎么会忘记？"

闻言，她就像被踩了尾巴的猫，情绪激动："你根本不知道我现在的工作压力有多大！我们总经理三天两头参加活动，成堆的发言稿和无数篇会议记录排着队等我做。他每周的行程安排、出差的食宿、机票等等全部都是我一个人打理，不仅如此，我还得担任他家的遛狗员、接娃儿员，忙起来的时候我同时要处理七八件事，我忘记难道不正常吗！"

"确实正常。"我不否认她工作上的辛苦，"所以你领导也认为你忘记很正常？"

她沉默了几秒，语气委屈不已："那你说怎么办，直接辞职走人吗？"

"为什么不以时间为线，把事情按照主次分序，集中精力一件一件地处理呢？"

对方振振有词："可是那样效率会变低啊！"

确实，与单个任务逐个儿完成相比，多个任务同时展开看上去回报率更大，也因此，大多数人总是以胜任多重任务为傲。可有科学研究表明，我们一直在高估自己的能力——我们的大脑根本无法同时处理"多重任务"。换句话说，虽然"一心多用"看似更划算，但实际上一心一用才是处理事情最快速的方法。

" 专注力缺失是病，得治 "

曾有一位来访者向我求助，称自己好像变成了"专注无能"的人。

"我发现我现在完全无法将注意力放在一件事情上：走路必须要听音乐，吃饭必须要看综艺，上厕所必须要玩手机，就连睡觉都会被纷繁的思绪打扰到无法专心入眠，最后只能导致夜夜失眠。"

"注意力涣散也影响到了我的工作，我做事时变得特别容易被打断。经常才开始做一件工作，就突然想到还有另外一件工作没有做，然后慌忙切换，结果最后两件事都没有做完。"

其实站在心理学角度看，上述行为并不难解释。我们必须承认，个人心智游离（俗称白日梦）是一种正常现象。有研究表明，个人心智游离的比例可高达46.9%。而当我们长时间研究某一项工作时，大脑会感到疲劳，这时注意力的切换会刺激神经让我们出现兴奋感，所以可以说，是身体替我们进行了选择。可需要警惕的是，频繁的专注力分散会让我们的大脑出现惯性，导致"分神"变成习惯，而这也正是我们的生活开始为注意分散所困扰的原因。

记得某次和老总外出谈项目，交流期间，对方负责人总是不自觉地看手机，几次下来，原本对项目颇感兴趣的老总虽然没有表现出不满，但也慢慢沉默了。回去的路上我问老总是否有意继续合作，老总果然摇了摇头："连沟通都无法专注的人，我怎么放心把钱投给他的公司？"

所以你看啊，如果你还在以为专注力不足只会影响你的个人效率，那就大错特错了，它影响的可能是你的整个人生。

" 专注训练，其实并不难 "

我和我的瑜伽教练偶然聊起过注意力分散的问题，意外地，她很少有这方面困扰："可能因为我的生活比较单一，白天教课的我很少接触电子产品，回家吃完饭后练一个小时瑜伽，再看一会儿电视我就睡觉，大概没时间想七想八。"

虽然她将自己专注力强的原因归结为生活单一，但依我所见，瑜伽本身就是一种认知控制训练，它让人在一段时间内将注意力集中在四肢的伸展上，集中在呼与吸之间的吞吐上，这无形中会提升认知对干扰的控制力。

其实，根本不需要寻找专业人士，我们自己也可以有意识地进行专注力训练，为了帮助更多"专注不足"的人士，我罗列了三个小技巧供大家参考。

第一个技巧是"正念冥想"。

"正念冥想"有三个特点：目的性，实效性，无批判性。对此我们可以简单地理解为"在当下刻意做某事"。比如，吃饭时启动所有的感官去品尝食物，走路时集中注意力感受肌肉的运动与伸展，沐浴时感受水流的温度与流动……每天抽出几分钟去感受，再慢慢将时间拉长，注意力就会变得更容易集中。

第二个技巧是"自我提示"。

自我提示是指通过语言和声音来提醒大脑集中注意力。心理学家曾做过一项实验，实验要求被观察者观看20张含有特定物品的图片，然后再找出其中的某一件物品。结果表明，曾大声念出物品的人会找得更快。

我在兼任考研辅导师时曾遇到过一位受到专注力困扰的大学生。为了提高专注力，她尝试过很多方法，可都收效甚微。我记得当时我的建议是让她在做题时和自己对话。一段时间后她来找我，称这种类似"自言自语"的方法确实帮了她不少。

第三个技巧是"隔离干扰"。

我们都知道外部干扰对专注力的破坏，如外部噪声、电话铃声、响亮的音乐等都会分散我们的注意力。有研究表明，在完成需要调动多种注意力资源的工作时，应当保证工作环境周围的噪音在40分贝以下。因此，如果你正处于专注训练初期，那么安静的外部环境则非常有必要。

前一段时间，在上班的路上我骑车摔倒了，起因是我在转弯的时候手机响起，接电话的同时车胎打滑，整个人飞了出去。身体碰撞到大地的瞬间，我的大脑是空白的，躺在地上只觉得整个身子已经麻掉，白色的衣领被鲜血染红，脸上的疤痕到现在都没有消退。

　　直到那一刻我才真正意识到，"专注"一词并不仅是对工作的负责，更是对生命的敬畏。对我来说，注意力的缺失就像那摊鲜血、那道疤痕，时刻提醒着我，人心分不得！

告别无效忙碌，摆脱人生倦怠感

> ## 不是我不做，只是没时间

全家人都知道我很忙，每天有加不完的班，写不完的稿子。因为我很忙，所以家人几乎都会原谅我不做家务。

我的同事 Ben 同样也很忙，和我一样有加不完的班，写不完的材料。因为他很忙，所以他的家人几乎都会原谅他不带小孩儿。

我说"几乎"，是因为我们都没有被彻底原谅。

我母亲每次到我家，还是会唠叨我家乱的像猪圈，说我整天拿着工作当借口逃避劳动。Ben 的家人也对他颇为不满，某次我听到他在公司接电话，他老婆骂的那句"丧偶式婚姻"穿透电话响彻整个办公室。

每每这时，我们都会彼此对视，无奈地笑笑。我们知道，我们的工作忙，却并没有那么忙。我们确实是在逃避这些生活的"琐事"。

有一次圣诞节，我去一位朋友家借宿。才进门我就被门口的一整排快递盒惊到，我问她怎么这么多盒子？她回我："'双十一'买的快递，还没时间拆。"我一下子想到自己在"双十一"期间买的那条不合身的裤子，也是拖到因为"没时间"而放弃退款回寄，我觉得自己也没什么发言权，便作罢了。

朋友的书房墙壁上贴着一张"计划单"，里面按照顺序列出了很多要做的事项。其中包括扫地、洗床单、拆快递以及看牙医这样的琐事。

我注意到上面除了"扫地"这一栏划了线代表已经完成，其余的全部都是待完成状态。

"贴了半个月了，太忙了，实在没时间。"朋友叹了口气开口抱怨，"我每天下班就十点多了，再洗个澡就十点半了，第二天一早又要继续上班，哪有时间做这些琐事。"

以此为话题，朋友向我倾诉了开来："我感觉自己好像有心理问题，我每天都被生活的无意义感侵蚀。小事我觉得做起来没意义，工作上的事我也觉得毫无意义，我每天都觉得好空虚啊。"

精神空虚是现代人的通病。然而，人越是空虚，就越疲于做事，于是就越来越空虚。这是一种恶性循环。

在空虚心态的支配下，我们希望能够做一些高效、有意义的事满足自己的精神需求，以此来体现自我价值。这种状态让我不觉想到学生时代，我们上学时，很多家长挂在嘴边的就是"除了学习，其余的你什么都不用做"。而当现在我们投身社会，为了寻求意义感，我们的状态变成了"除了工作，其余的我什么都不想做"。

我们每天看似积极地努力着，可是我们却又碌碌无为，倍感空虚。慢慢地，我们变成了"四体不勤"的"积极废人"。而这种状态，比完全认命、放弃生活的"废人"更加可怕，它会加剧我们的心理失衡感，会让我们的疲惫感更重，会让我们误以为这就是人生。

❝ 内耗，让我变得越来越疲惫 ❞

倦怠，是大部分人在长时间从事某项活动之后产生的正常的情感反应。1973 年，美国心理学家弗登伯格首次在《职业心理学》中提及"职业倦怠"这个词，用来形容在长时间从事某一项工作特别是从事人际交往频繁的职业时，因持续的压力以及负面情绪积累而导致的身心俱疲、被消耗的状态。

如今，职业倦怠已然作为一种职业病，高频发生在我们身上。有调查结果显示，在中国职场中，普通员工的无意义感高达64.57%，而有35.54%的白领人士有职业厌倦感。

受到职业倦怠困扰的人，他们对每日的工作感到疲惫不堪、无聊厌倦；对未来的发展失去信心，工作效率和产出明显降低；或许还伴随着生理反应：面对错综复杂的人际关系时，身体有痛感，甚至还会患上各类纤维瘤……然而，他们却无法改变这样的状态："我认为我的症状，辞职就能解决，可是我不敢承受辞职的风险。"于是，他们被卷入名为"内耗"的怪圈中，不断消耗自己的情绪和身体。

伴随职业倦怠出现的，是生活倦怠。有学者将生活倦怠定义为"个体在生活中出现的无明确指向、弥散性的倦怠症状"，这种生活状态被称为"丧"。在这样高压力、超负荷的生活中，"丧圈文化"在年轻一代中广为流行。命运的洪流波涛汹涌，他们期待能够保有如一叶扁舟的遗世独立，却又发现抗争徒劳，于是，被裹挟、被胁迫，最后只得随波逐流。他们认为众生皆苦，他们感叹人间不值得。

内耗和所谓的"琐事逃避症"有着千丝万缕的联系，可以说，"琐事逃避症"是内耗之后的一种表现。我们不断消耗自我，以工作为名欺骗着自己的大脑，让自己被迫沉迷于忙碌的状态，从而逃避对生活的关注与应担负的责任。

然而，倘若你失去了对生活的激情，那么活着就变成了一种"无意义"。

皮克斯电影《心灵奇旅》中，二十二号做了千年灵魂，历经无数导师都没有能成功点燃他的火花。然而一次意外让他来到地球人间，他吃到了好吃的比萨，感受到了街道的热闹，听到了地铁里的歌声，看到了黄昏下的落日。当手触碰到微风吹散的落叶时，二十二号丢失千年的火花被点燃了。因为，最美不过人间。

生活的本质是被一件件琐事堆砌而成，如果你因为寻找生活的意义而埋头进入永远处理不完的工作中，那就会错失人间云卷云舒的美景。让我们感到疲惫的不是"996"，而是在日复一日的生活中逐渐消磨的激情，是对美好的忽视，是不再有感受这个世界的心情。

这是患有"琐碎逃避症"之后，需要警惕的一件事。

66 人生苦短，何必事事较真 99

"内耗"出现的原因有很多，工作方式的变化是其中的一个重要原因。

伴随科技革命的爆发，通信的便利让我们逐渐从八小时工作制的工厂时代脱离出来，进入了工作时间更加灵活、工作方式更加多样化的阶段。我们的工作和生活不再有明显的界限区分，无论身处何地、正在做何事，只要领导的一个消息、一通电话，都会让我们立刻中止休闲状态、投入到忙碌的工作当中。

一张男人在长城景区打开电脑加班的照片曾在网上引发热议，这种无时无刻不在上班的状态引发了无数网友的共鸣。在现代社会，我们仿佛已经很难专注地投身于某一具体的事情当中。

对我们来说，这样高节奏、更灵活的工作时间衍生出的心理影响就是，我们逐渐失去了休息和放松的能力。

四月份，我和连续加班半年的同事们准备休假，提前一周我们便开始制定详细的行程规划，生怕一不小心就"浪费"了一年一度的休息时光。四天三夜的行程里，硬是塞进了贵州、长沙、南京三个城市，这趟行程的时间安排是：从早晨7点一直到凌晨，每一个标志性的地点一站式全扫光，连当地朋友都直呼我们这趟出行行程"可怕"。

原本要休息的四天，在最后硬是变成了"体力大比拼"，休假结束我回到工作岗位，一时间竟不知到底哪个才算是休息。

在各类旅游攻略横行的时代，没有目的地的游玩，结束后总是会感觉心头有些遗憾；网红打卡的地方没有全都走过一遍，总是会有"白来一趟"的感慨。

当旅游被赋予了某种"KPI（关键绩效指标）"之后，大家开始在异地走马观花地游览景点，花大把的时间排队买网红小吃，而街边的梧桐、河流上夕阳折射的波光，都显得不再那么重要。

因此，我们越来越累，也越来越觉得这个世界"没意思"。

说到底，"倦怠"是一种心态波动，当"倦怠"感来临时，我们无须过于紧张，但要保持警惕。察觉，是我们防止倦怠的第一步。

但是，解决倦怠这个难题并不简单，这里有几条大家建议不妨试一试。

第一步，学会放空自己。

所谓"放空"，就是让自己暂时忘掉一切，彻底地放松精神、沉淀心灵。

"放空大脑"听起来似乎是一件很简单的事，然而我们现代人却仿佛越来越"惧怕"和自己相处。洗澡的时候我们会高声唱歌，独自走路时会听嘈杂的音乐，睡觉闭上眼总会有各种天马行空的想法卷入脑海，我们已经无法接受什么都不想地度过某一段时间。放空，在我们的潜意识中已经成了某种意义上的时间浪费。

然而，就像高负荷运转的机器，倘若我们的大脑每日被各种纷繁复杂的事情占据，我们就很难实现真正的放松。每日确保给自己的大脑输送清闲感，有时候需要你什么都不做，积攒在胸腔的郁气才会消失。

第二步，停止对琐事的思考。

纵观对琐事以"没时间"为理由进行逃避的人，都存在不同程度的管理焦虑。

我以往喜欢建议我那些患有管理焦虑的咨询者将自己的工作安排按照重要程度进行罗列与规划，但显然这个方法对"琐事逃避症"患者并不适用。

对该做的事，他们心里往往都有一份长长的"to do list"（计划清单）。然而那个"to do"对他们而言永远都是未完成状态，就像卧室内堆挤衣物的椅子，越积越高。

那么，就扔掉那份长长的计划单吧，不要再把生活中的琐事放在脑海里、放在书本上。决定要洗衣服就立刻撸起袖子去洗；想要陪孩子搭积木，那现在就拿出玩具；想去看医生，那就敲定一个合适的时间尽早去。只要我们迈出第一步，那么脑海中"我很忙"的谎言就会被击溃，执行力也会变得越来越强。

第三步，注重生活的仪式感。

我的人生曾有过无数精彩的瞬间，而此时你要让我说出我生命中某些特别的时刻，那我想都该是那些充满仪式感的瞬间。

2018年我在异地读书，那一年元旦我和朋友们深夜赶往市中心的广场，等待着凌晨敲响的钟声以及满天的烟花，万人倒计时的时刻构成了我对跨年的印象。

此前，我在对某对情感破裂的夫妻进行分开调解时，女方跟我说："结婚五年，我没从他手里收到过一朵花。我过生日他在加班，结婚纪念日他在加班，好不容易熬到放假想和他一起出去走一走，他却说累了不想动。"

男人却说："我对她的心意她都知道，都结婚这么多年了，老夫老妻的，没必要搞那些，况且我加班不也是为了这个家嘛。"

当我让两个人分别说出一件关于两人的美好记忆的时候，两个人都不约而同地说出了那些付出了情感投入、付出了时间成本的仪式性事件。

仪式感会激发我们对生活的热爱，让我们更好地感受"活着"。

赋予琐碎的事情以仪式感，比如，如果我们今天打扫了房间，那就用一顿大餐奖励自己，这就会让我们更加感受到琐事的意义。请相信，生命中的一桩桩小事，真的会提升我们的幸福感。

上周下班的路上，我买了一束含苞的小雏菊，并将它放在了书房的办公桌上。在写完这篇文章的当下，我恍然抬头，发现不知何时它们竟已傲然开放。

我们要看得见生命里的星辰大海，但也不要错过花瓶中的这一片岁月静好。

拖延症，其实是自控力变差的信号

> " 你以为的熬夜，其实是拖延症的信号 "

记得研究生刚开学时，老师为我们布置了这样一项作业：班级同学两两一组，每人写下一个心理问题，并以一个学期为期限，由对方设计方案进行治疗。

当时我和我的搭档冥思苦想了许久，结果当互相倾诉困扰的时候惊讶地发现，我们俩想解决的问题居然出奇地一致：拖延。后来我在一家社工机构实习，接触到了许多前来咨询心理问题的人，我以年龄为界限，将来访对象的问题进行了简单的整理，发现受拖延症困扰的人群主要集中在30岁以下还未毕业的大学生及初入职场的白领身上。而且值得注意的是，这些来访者的拖延症背后往往伴随着不同程度的焦虑情绪以及自我认知偏差和迷失感。

如此可见，拖延问题已经成为当代年轻人普遍面临的心理问题。

"每天早上睁眼都会暗暗发誓今天自己一定要早点儿睡，然而到了晚上，看电视剧、刷微博、看小说，就是不想睡，最后往窗外一看，天都快亮了。"

大多数人的拖延，是从睡眠拖延开始的。

我曾经研究过我的一位来访者，她睡眠拖延的理由很有意思："我有整点儿睡觉的习惯，比如现在的时间是10点53分，我就会和自己约定11点睡觉。可一旦不小心过了11点这个时间，就开始整点轮回。"相比之下，另一位同样有着睡眠拖延的女生给出的拖延理由更有说服力："白天工作真的太累了，我觉得只有晚上回到家、躺在床上才算是终于迎来了属于自己的时间，所以我舍不得早早入睡。"

拖延者们往往会有无数个借口为自己的行为开脱，看似只是简单的熬夜，实际上却是自控能力下降的讯号。

> 最后期限是第一生产力?
> ——没错，是质量低下的生产力

前几天我和一位编辑朋友聊天，她向我抱怨收稿的痛苦："有些作者明明刚开始写得很好，结果现在交过来的稿子狗屁不通、废话连篇，连基本的词语都能写错，一看就是快到截稿期连夜赶出来的！"

有一个发生在我身边的例子。研究生提交毕业论文初稿的前一天，很多学生挑灯夜战，班上有一位男生最令人"佩服"，记得他在当天下午发了一条朋友圈，问："明天交论文了，可我只写了一个开头，怎么办？"下面还未写完的同学纷纷留言"放心了"。隔天我起床，看到男生又发了一条朋友圈，上面写着："奋笔疾书一万字，别崇拜哥。"然而三天后，他发了一张论文审核表的照片给我，只见"导师意见"一栏龙飞凤舞地写了一个字：退！

都说最后期限是第一生产力。确实，截止期的临近会激发拖延者们极大的行动力，然而它往往伴随着极差的工作质量，带来的结果大多是推翻重来，更会带来对其能力的质疑。

我一位"胖友"半年前跟我说自己要减肥，于是风风火火办了健身卡，还关注了一堆博主准备学做减脂餐。结果就像那位"整点睡觉"的来访者，她也有"从周一开始"的习惯，然而她的"减肥周一"一直被各种理由耽误，直到现在都还没来到。

不止生活，她的工作也无时无刻不在拖延。前几天她向我抱怨公司的领导和同事，她觉得大家在故意排挤她，有工作都不再交给她做，大家在忙什么她也不知道，觉得自己被边缘化了。

我反倒觉得这个结果也并非全是别人的"锅"，因为此前领导接连交给她的几个项目，她都是拖到最后一刻才动手，结果耽搁了整个团队的工作进度，而因赶工质量低下，甚至逼得领导亲自动手帮她修改。

我问她："你要不要试着改变一下自己？毕竟有些工作，确实拖着拖着就没了。"

自律，才能收获持续的快乐

我们拖延着去做的，往往是让我们感到有压力的事。在压力之下，我们会出现诸如"做这件事并没有那么容易""我花费了大量的时间，但可能会失败"之类的心理暗示，从而让我们出现畏惧及逃避的心理。这时如果有个愉悦的诱惑源出现，比如看剧、刷微博或是其他的轻松事件，那么低自律性及高冲动性的人会立刻选择停止原本不愿意做的事，选择当下的快乐。

然而，拖延的快乐太短暂了，远不及拖延的"好朋友"焦虑和恐慌伴随你的时间长久。与拖延相对的自律却恰恰相反，自律所带来的"艰难"与之后的"快乐"相比，可以说不值一提。

我的一位博士师姐是我见过的最自律的女生，和她同住时我常戏称她为"机器人"。她一天24小时做的每一件事都会经过严格的规划：起床和睡眠时间，健身和护肤时间，学习和休息时间，甚至每天摄入的卡路里量都会进行精密控制。

虽然我也是时间及自我管理坚定不移的推崇者，但像她这样严格的自我管控仍让我觉得有些诧异："每天这样严格地对待自己，你累不累？"

"为什么会累，生活超出我的控制，我才会累。"

事实证明，这位师姐的超强自律力使她的人生收获了持续的快乐。健身和饮食控制让她的身材长期凹凸有致；作息控制让她的皮肤白嫩有光泽；学习时间控制让她的学术水平在领域内大有提高。并且，她的自律并没有让她成为一个奇怪的人，与之相反，恰恰因为她的"靠谱"，让她在生活中广结善友。

生活中那些拖延的人和自律的人所过的截然不同的生活，无一不在向我们证明，如果你想不被生活支配，就得先学会支配生活。

" 重度拖延患者，还有药可救吗？"

读研期间我曾以自己和同伴作为实验对象，进行过为期三个月的"拖延患者自救计划"，事实证明，只要想改变，拖延就不是什么无药可救的疑难杂症。我将其中经验用"三步走"的方式进行了小小的归纳。

第一步，拆分目标。我们的意志力和做事的决心在最开始行动时是最充沛的，随着时间拖长，意志和决心便逐渐流失，因此，将任务及时进行拆分就变得十分必要。以我自己为例，我在写文章时有一个习惯，会事先将文章的段落进行大致的明确，然后按照段落进行分解，规定自己每次完成的量。写完一部分，进行适当的休息，再次开始便会拥有更多动力。

第二步，远离诱惑。在我的来访者中有一位对手机有严重依赖的患者，她无论做什么都离不开手机，只要离开手机超过一分钟就会浑身不自在，这导致她什么事都做不下去。和我聊天时，她会下意识地按亮手机屏幕，低头滑动，其实手机里也没有需要她处理的事情。后来我要求对方在谈话时不再携带手机，并且每日记录浏览手机的时间和内容，有针对地限定。果然，经过一段时间的针对性治疗，那位患者的手机依赖症有了很明显的改善。而在手机依赖愈加成瘾的今天，摆脱手机依赖就显得更为重要了，只有放下手机，我们才能专心地去做该做的事，拖延问题也才会慢慢得到解决。

第三步，纾解抗拒。大部分人因为工作难、任务重产生工作拖延，这是因畏难心理而出现的拖延。我个人的习惯是，将我认为最有难度、最抗拒的工作有意识地提到所有计划之前，逼迫自己正视困难，并且规定只有完成之后才能继续后面的工作及活动。当你这样做了你就会发现，当一座大山被"攻克"了之后，其余的安排自然一马平川。

我有两颗蛀牙，周围人都劝我早点儿看医生，可我总想着，反正现在也不疼，就等等吧。结果有一天蛀到牙齿神经，疼到极限，我终于拖不住去了医院，原本补补就能好的牙齿被当场做了根管治疗。做完之后，医生让我赶快做牙套，我想着，反正不疼了，就等等吧，结果拖着拖着牙齿碎了，再去医院，医生说："拖得太久，只能拔掉重新种了。"

牙齿拖久了尚且可以拔，人生拖久了却不能从头再来。不要再等明天了，否则你的人生终将被拖延吞噬。

警惕！别掉进过度独立的陷阱

> **'我依赖男友，不配被称为独立女性'**

May是公司高管，也是大家眼中标准的"独立女性"。

有房有车有事业，年薪过百万，在和人沟通的时候头脑清晰、思路灵活，有一段时间公司的小姑娘都把她奉为"女神"，幻想着有一天也能成为她这样的人。

但就是这么一位走路都脚下生风的女强人，却在某一次会议上公开表示自己有强烈的依恋情绪。

这种依恋，年幼时寄托于父母，长大了则转移到伴侣身上。

"我母亲个性强势，上学时期我的大事小事她都一手包办，把我照顾得妥妥帖帖。在温室里生活久了，我的抗压性其实很差，受到委屈经常会哭鼻子，面对选择也常常拿不定主意，父母就是我的主心骨。"

后来到了大学，脱离了原生家庭的生长环境，May开始遇到新的生活问题，此时父母已经无法帮助May再进行决策："后来我遇到了我先生。"

May笑了笑："他继续接盘了我的负面情绪，在我陷入纠结的时候，会托我一把。"

"所以我不是大家口中的'独立女性'，在外我只是尽职尽责地扮演着自己的社会角色，回到家我仍旧是那个小女生，在我先生面前会哭泣、会委屈、会抱怨，直到现在我在工作上遇到的很多人际纠纷，都会讲给我先生听，请他为我出主意，帮我解决。"

那次分享之后，在场的很多女生对此都表达了失望。

"我一直觉得May是个独立女性，没想到在家里居然也会给丈夫做饭，也会对丈夫撒娇，这实在太不酷了。"

在大家看来，身为独立女性，怎么能依靠男人呢？

于是那次之后，May就在大家眼中变成了"普通女性"，仿佛失去了光环。

上学的时候，我总觉得自己有一种神奇的能力。这种能力，就是总可以和自己的暧昧对象处成"哥儿们"。

后来我实在太困惑了，就将自己和身边暧昧对象发生的事告诉舍友，结果她们的反馈一致是："对方估计压根儿就觉得你对人家没那个意思！"

我和男生出去用餐，一直以来都坚定地奉行AA，因为我总觉得女孩子不能占别人的便宜；当我的身体不舒服，我总是习惯性自己一个人去医院，从来没想过要让"暧昧对象"过来帮忙；就连雨天我们单独出去逛街，我都坚持不需要对方为我撑伞。

于是慢慢地，我身边的男生都变成了我的哥儿们，而我成了大家口中的"女汉子"。

但我并非是主动拒绝他人的帮助，我只是总是担心麻烦到别人，不想欠别人的人情。

我仿佛已经习惯了自己的事情自己做，所以无法迈出内心的这道坎儿。

但是拒绝别人的帮助、不依赖别人，就是独立吗？

如果这就是独立，那依依应该就是我认识的所有人当中，最独立的女生。她做事果断有思想，对待自己的人生规划也异常坚定明确。

她跟她男朋友异地了四五年，有一次我问她在恋爱中有没有什么觉得难熬的瞬间，依依跟我说："没有，我反而觉得这样的状态很好。彼此有独立的空间和时间，偶尔见一次面，还能增加新鲜感。"

依依的私人生活几乎很少会和男友分享，下班之后就会和朋友一起逛街吃饭，周末几乎都待在图书馆或是健身房，若不是她左手带的订婚戒指，很少有人知道她原来并非单身。

依依也鲜少会过问男友的生活，她不关心对方的社交圈，当我对这样的状态表示惊讶的时候，她却觉得很好理解："他是独立的个体，他也应当拥有自己的人生。我不想他干预我的社交，我想他应该也不会希望我过多插手他的交友情况。"

然而，最后这段"独立"的爱情没能走到最后，以男生的出轨结束。

依依问我："这么多年难道我做得还不够好吗？难道只有像那个女人一样，每天嘘寒问暖地对他表示关心，才是真的爱吗？"

依依认为："他总是这样过度地自以为是，好像只有我的脆弱才能凸显他的强大。"

但实际上，依恋感是在婚姻中双方都需要交付的仪式，它代表了某种"我愿意把自己的生活分享给你"的信任感。

依恋、独立、成功，这三个命题在近几年被越来越多的人提起。

当前很多人都在鼓励"独立"，并且试图营造出一种"只有独立，告别对他人的依恋情绪，才能够成功"这样的价值观氛围。

这种思想，和流传的一句经典俗语颇为契合，就是"靠山山倒，靠人人跑，靠自己最好"。因此，我们每天逼迫自己变得强大，让自己切断对他人的依赖，试图让自己变得成功。

我母亲从小就不遗余力地为我灌输这样的观念，并且她自己也是这样的一个人。

她一辈子都非常好强，结了婚之后，我父亲工作忙常年出差，大多数时间都是她一个人拉扯我，过了几年当我长大之后她又投身金融行业，每天穿着高跟鞋早出晚归，所有的问题都自己一个人扛。家里也能够照顾得井井有条，大事小事都是她一个人操办，父亲的角色在我的家庭中微不可见。

这样的状态让我很长时间都陷在困惑当中，我不知道婚姻对于我母亲的意义是什么。甚至我想，如果没有我和我父亲，我的母亲应该也能够所向披靡，反而会过得更加肆意洒脱。

直到有一天在酒桌上，母亲跟朋友喝醉了酒，说起了自己过去人生中那一段最黑暗的日子：投资失败，被"朋友"骗光了家中所有的钱。

"还好我先生一直在我身边支持我，否则我不知道自己要如何撑下去。"

每个人在内心深处都有渴望得到他人认可、鼓励、欣赏的心理需求，这种亲近感是我们安全感与归属感的来源，与独立无关。

过度独立，也是依恋的一种表现

"依恋"最早是由英国心理学家鲍尔比提出来的概念，一般被定义为婴儿及其主要照顾者（一般是母亲）之间存在的一种感情关系，它是婴儿在婴儿时期与其照顾者之间情感上的连接和纽带。

鲍尔比发现，当婴儿和主要照顾者分别时，会出现激烈的哭泣反应，力图抵抗与父母的分离。鲍尔比便猜测，这类反应属于和原有依恋对象分离后出现的适应性反应，并推测这种反应会一直持续到性成熟年龄。为了更好地研究依恋关系中个体间的差异，鲍尔比与爱因斯沃斯针对婴儿开展了陌生情境测验。在玩具室内，他们观察了婴儿、主要照顾者（母亲）及一位陌生成人在陌生情境里的一系列行为反应。最后根据实验结果，将依恋关系分成三类。

一是安全型依恋。具有这种依恋形态的儿童能够独立玩玩具，在母亲离开时会表现出明显的不舍，但当母亲回来后也会立即寻求与母亲的接触，很快就会平静下来继续和母亲一起玩。

二是回避型依恋。具有这种依恋形态的儿童在母亲离开时会表现得颇为冷漠，当母亲回来时会表现出躲避或不理睬，对于这类儿童而言陌生人的帮助与自己的母亲无异。

三是反抗型依恋。具有这种依恋形态的儿童在母亲离开时会表现出强烈的反抗，当母亲回来时会表现出激烈的反抗和发怒，甚至会放弃继续玩游戏。

儿童时期的依恋，在成年之后依旧会显露出来。

有学者将成人的依恋模式与儿童期的依恋状态进行了对比，同样划分了三种类型，分别对应儿童时期的三种形态。

安全型依恋模式的成年人能够信任地依靠他人，并且也愿意依赖别人，并不会担心自己会被丢弃；回避型依恋模式的成年人，当自己和他人亲密的时候会感到不自在，并且很难完全相信别人；反抗型依恋模式的成年人会经常患得患失，在亲密关系中会经常怀疑对方的真心。

这样的心理研究结果表明，无论是婴儿还是成年人，都有依赖他人的心理需求。

既然依恋情绪是我们的正常心理需求，甚至在亲密关系中是能够起到良性作用的润滑剂，那为什么现在大家又开始抵制这种依恋感的存在呢？

在我们人际关系的处理中，有"依恋"和"独立"两种相处的方式。

"依恋"是指我们的需求无法得到满足时，会选择借助其他人的帮助满足自己的需求。比如，当我们生病时会期待伴侣的照顾，工作中会期待和别人分担压力，照顾孩子时会期待家人的帮忙……这些都是个人心理状态的满足。"独立"，则是指通过自己的努力满足个人的需求，在遇到困难的时候，自己鼓励自己撑过去。

人际关系就是受到这两者交互的影响。

但是现在，大家越来越凸显后者对个人发展的重要性，反而越发忽视健康依恋情绪的重要性。实际上，这种抵制与他人亲密接触的行为，恰恰是回避型依恋的一种表现形式。

有学者为了了解回避型个体在亲密关系中的特点，进行过六次独立实验。结果显示，虽然这一类的人群拥有亲密伴侣，但是在内心深处仍旧有孤独感。他们喜欢与另一半保持一定的距离，并且几乎不会和另一半分享心事，非常注重私人空间等。

但实际上，这种回避型依恋所营造出的"独立"只是假性独立。是个人在内心深处构建了"不安全"关系模式，导致个体不敢依靠别人，从而选择疏远。

真正的独立需要有稳定可依靠的情感支持。

年幼时，它是父母的滋养，能够让我们在遇到困难时知道有人和自己共同面对；成年时，它是伴侣的陪伴，能够让我们没有负担地卸下生活的伪装，展现真实的样子。

依恋是一种情感的寄托，成熟的依恋关系中有尊重、爱和包容作为界限，能够为我们的独立加上更加轻松的翅膀。

" 独立，也可能会成为你疲惫的源泉 "

安全型依恋模式的人，不会陷入独立还是依恋的选择泥淖，相反，带有回避型及反抗型依恋模式的个体才会一直在过度依恋和过度独立之间来回摇摆。

成年人是否能够改变这样的依恋模式？

鲍尔比在依恋关系理论中提出，即便人在儿童时期由于主要照顾者的缺席或冷漠出现了退缩行为，但是如果在成长的过程中能够出现一个稳定的、可信赖的替代对象为他们提供情感支撑，他们仍旧能够形成最基本的依恋形态。

如果现在的你有着很强的依恋情绪，或是过于看重独立对个体的影响，并且自己想要改变，或许可以考虑从以下几个方面出发，调整自己的状态。

1.承认自己的弱点。

承认自己拥有弱点，而不是将自己看成强大的机器人，认为无论何时自己都有能力独立解决。

我读研时的一位教授在学术上有着很深的造诣。对于课上我们提出的所有问题他都能精准解答，家里的书多到能塞满整个房间。

可就是这样一位学术上的"大咖"，却是个十足的"生活白痴"。他生活上的一切都由他夫人一手包办，在外出召开学术会议时他也必须带着"助手"，这个"助手"通常由他所带的博士生担任，因为他时常会因为思考而忘记下车，或是因失去方向感而迷路。

在某些方面来说，他并非是独立的人。在某次课堂上，他说："在远古时代，人类抵抗环境的能力很弱，是这种弱点让所有人团结起来互相帮助，最后得到了越来越多的空间领域，赶走了单打独斗的猛兽，最后形成了国家。某种程度上说，承认自己的弱点，敢于寻求他人的合作与帮助，这就是人类的智慧。"

在孤单的时候，就寻找一个依靠的肩膀；在痛苦的时候，就诉说自己的痛苦；在自己无法处理一件事的时候，那就大胆地寻求他人帮助。人与人之间的关系，就在这一来一往间得到了深化。

你的弱势并非是你告别独立的终点，恰恰是迎来真正独立的起点。

2.学会信任他人。

不信任感，是在"回避型依恋"及"反抗型依恋"中都极容易出现的一种心态。没有信任能力的人是无法建立起亲密关系的，它的任何关系都将停留在理智层面。在亲密关系中，不信任伴侣带来的副作用要么就是为了证明自己的"猜测"，不停寻找证据证明自己是正确的；要么会保持一定的社交距离，冷处理与伴侣的关系，拒绝让其深深融入自己的生活。

实际上，我们之所以不能对他人持有信任，很大一部分是源于自身的安全感缺失。当个体缺乏自我照顾能力时，我们就会将期待放在他人身上，期待能够出现一个"无所不能"的宛如母亲那般的人，否则就是不值得信任的。但倘若我们自己能够建立足够的安全感，降低对他人的期待感，学会多元化去看待自己和他人，就会发现信任并不是一件困难的事。

我有一位非常不信任周围人的同事，他的工作从来都不假手他人。有时候我劝他可以把手里的活儿交给下属，他却并不信任下属有做好这件事的能力。"让他们做，交到我手里我还是得重新修改，这跟重做有什么区别，反倒浪费时间。"因此他时常会被本不属于他的工作拖累。

为了让他能够与周围的人建立良好的信任关系，改变他原有的"别人不行，只有我行"的固化思维，我建议他有意识地进行思维训练——当他将手里的工作分发给别人，对方能够胜任时，则记为一次正强化，反之则为负强化。一段时间之后，他告诉我，他交办给对方的工作，对方绝大多数时候都能出色地完成。而这么多次的正强化，也让他能够越来越放心地将手里的工作交给对方。这就证明，我们对别人绝大多数的不信任感源自我们无法跨出自己的心理防线，而一旦我们迈出第一步，找到了第一个"例外"，我们与他人的信任连接也就会越来越强。

3.提升自我的认可度。

我们为什么畏惧依恋，寻求独立，是因为很多人错误地理解了依恋的概念。有人认为，依恋便意味着决策权的剥夺，会被人"牵着鼻子走"，从而失去自己。之所以有这种误解，与个人对自己的认可度缺乏有直接的关系。因此，我们需要学会建立正确的自我和他人认知。

世界上没有安全正确的选择。我身边的强烈依赖者身上都有一个共通的特质，就是没有独立做决定的勇气，在遇到重大决策时他们通常都很容易听从周围人的建议。比如我有个朋友，高考时填志愿，原本她想遵循自己的喜好选择西班牙语专业，可是长辈却认为这个专业以后不好找工作，让她选择了更热门的计算机专业，于是她带着不喜欢的情绪读了四年大学。毕业后她想要考研转专业，可是周围人又开始说工作经验比学历更重要，于是她放弃了考试，又遵从周围人的建议选择了直接工作。她现在对自己的生活状态满意吗？

答案是否定的。她时常会对我抱怨自己对工作的不满，经常把"如果当初"挂在嘴边。她后悔听从了别人的意见，放弃了自己的选择，并且每一次都痛下决心要改正，但是下一次仍旧会被他人说服。

提升自信，如果在最开始做有困难，可以将自己的选择与他人的建议全部写在纸上，然后将它们的优势和劣势以及未来可能预计的成功和失败进行分析，当你经过思考之后，并且比较出两个结果的最坏结果时，如何选择就有了答案。

伸出双臂吧，如果你仍旧渴望被拥抱。

世界与我，都和你在一起。

倍速模式，只会让你越来越焦虑

> **生活快进，耐心告罄**

　　读书期间我的舍友是个"时间管理达人"，她会用上英语课的时间写高数作业，用上高数课的时间完成VB编程，再在上VB课的时候完成学生会需要制定的活动方案。这样，在我们课后纷纷跑到图书馆写作业的时候，她已经提前完成了所有的工作，再带着下载好的电视剧去健身房跑半个小时的步，晚上回来一边听广播剧一边睡觉。

　　她的生活就像进入了一条高速运行的"双轨道"，大学四年我好像从来没看过她同一时间只做一件事。

　　"那样太浪费时间了。"在听到我的疑问之后，我舍友跟我说："人的大脑是有能力适应'倍速模式'，一旦你开始习惯同时完成两项工作，就很难接受慢节奏了。"

三分钟看完一部电影、五分钟读完一本书，上下班路上听新闻广播、吃饭顺便追剧和看综艺，一天时间玩遍旅游景点、三天暴走四个城市……当前，"冲冲冲"仿佛已经变成了当代年轻人的生活状态，不仅我的舍友，据调查显示，有七成18至35岁的年轻人都在这样"倍速"地生活着。

在这样快速的节奏状态下，"一心二用"慢慢地不再是个贬义词，而成了某种能力的象征。

只是，我们的大脑真的像我舍友说的那样，能够很好地适应这样的节奏，并且始终维持高效运转吗？

遗憾的是，我这位舍友每次的期末成绩并不理想。她看似很快速地在听课的同时完成了上一节课老师布置的作业，但却往往会错过老师强调的知识点，每次都是"低分险过"，甚至偶尔还会惨遭挂科。

前些日子，一个朋友跟我说，她去一家医院进行了心理测评，被诊断为轻度焦虑症。

"我去看医生，是因为我发现自己不知何时开始无法静下心来做一件事，每次看个电视剧，可是才看五分钟就觉得不耐烦了。看小说我更着急，往往看个开头就忍不住拉到结尾。我现在每天下班就觉得无所事事，想要做什么却又总是觉得没意思。"

在这之前，这个朋友是"倍速狂热爱好者"，就连对抖音上的一分钟小短剧都会开启倍速模式，以这样的方式节省时间。这造成的副作用是，她的耐心越来越差，她整个心态也开始发生变化，遇到啰唆的人或是办事不利的同事，她的容忍度不断降低，逐渐暴躁易怒；而手中的工作稍微一多，她就开始过分焦虑，想要飞速将手里的工作做完；她的生活也日趋无聊，认为做什么都是在浪费时间。

当然，这样的个例有些极端，但她的经历却不得不引起我们的注意与警惕。当我们的生活被按下快进键之后，随之而来的可能不是成功，而是焦虑。

在试图分析为何现代人喜欢开启倍速模式时，我们能找到诸多理由。比如快速的经济发展、浮躁的社会氛围、同辈的压力影响等等。这些都是能让我们明显感知到，并且有时候无法抵抗的外部因素。可是，或许我们没有意识到，文化传递与知识获取方式的转变，也是让我们给生活按下加速键的重要原因。

我的"倍速狂热爱好者"朋友在聊天时跟我感慨："小时候看电视也没有倍速模式，可是一点儿都不觉得着急。什么《西游记》《还珠格格》《武林外传》，每到暑假都会重温一遍，说来说去，都怪现在的很多电视剧质量太差，逼得我们倍速成瘾。"

当前无脑甜、无脑爽成了很多小说或影视作品追求的亮点，鲜少再有人愿意花时间看一本晦涩难懂的哲学书，也不再愿意抽出时间看上一部冗长却贴近现实的纪录片，"手撕小三""赘婿逆袭""霸总强势爱"这样的狗血剧一再冲上热搜榜。这样的剧，不需要用脑，只需要开启两倍速模式，配合晚餐就可"食用"。

可是当我劝阻那位朋友"既然你觉得那些是烂片，那就不要看了"时，她却再次提出了反对意见："我每天上班已经这么难了，回家仅存的几个小时实在没力气再花费精力去烧脑，看这种片子乐和乐和得了。"

" 被'奶头乐'侵蚀的大脑 "

有段时间我严重依赖手机，只要超过几分钟不拿起手机，我就觉得浑身不舒服。

往往，我清晨睁眼的第一件事就是拿起手机开始刷微博，漫无目的地在刷新主页与更新热搜之间反复横跳。倘若恰逢休息日，我可以在没有外界干扰的情况下持续刷几个小时微博。

短时间内接收无数信息的感觉非常爽快，也察觉不到时光流逝。这样获取信息的方式让我感到快乐且满足。正如我那位朋友所言，我也觉得：生活已经足够苦涩，工作已经足够忙碌，回到家看点有意思的东西让自己的思想停滞一下，有何不可？

然而，一天结束，离开手机的我躺在夜幕中却只觉空虚，竟回忆不起来自己这一天到底看了些什么。我明知这样的生活毫无意义，却沉溺在此难以自拔。是的，在指尖滑动的过程中，我们的思考能力正在消失。

1995年，美国旧金山曾举办过一次集结了500名政商精英的大型会议，会议旨在为全球化的世界进行分析与规划。会议上，大家认为在全球化竞争的过程中，有80%的人口会被淘汰，会逐渐被边缘化，只有20%的人口能够搭上全球发展的快车道。如何平衡这80%与20%的冲突，美国前总统国家安全事务助理布热津斯基提出了一个全新的战略——奶头乐（tittytainment），这个单词由奶嘴（tittyt）与 娱乐（entertainment）组合而成，意思就是，在80%人的嘴中塞入一个奶嘴，让他们沉溺在为他们量身打造的娱乐信息中，丧失热情、丧失抗争欲望，最后丧失思考能力。最终，他们会以媒体的思考为思考、媒体的判断为判断。

战略的手段主要有两种，其一是发展发泄性娱乐产业，包括鼓励网络游戏、开放色情赌博业、古董口水战等，让大家把精力发泄出来；其二是发展满足性产业，包括播放肥皂剧、娱乐明星的花边丑闻、真人秀等，让大众沉溺安乐丧失思考。细想想，你身边到底有多少人正在这样的满足性产业中逐渐丧失自己？

新媒体业态下人的阅读水平正在不断衰退，我们看到新闻热搜时往往不会仔细阅读新闻的内容，而是第一时间翻阅评论中的热评榜。我们的思维很容易被热评上的评论左右，我们沉浸在他人帮我们编写好的"答案"中，逐渐没有了自己的思考能力。在这样的背景下，我们的声音被媒体取代，我们的思考被舆论剥夺，我们身处其中，被带了节奏而不自知。

信息爆炸的年代，大家都希望能够在短时间内获取更多的信息。在人人都在追求时效的情况下，英国作家赫胥黎却在他

1931年创作的《美丽新世界》一书中提醒大家："人们会渐渐爱上那些使他们丧失思考能力的工业技术。"而后则会如奥威尔在《一九八四》所预言的那样，那些思想停摆的人们不再拥有自由，他们的人生会变成单调乏味的循环，如行尸走肉或机器一般，被人肆意操纵。

如果你也经常习惯打开倍速模式刷无聊的电视剧，喜欢整夜整夜地刷热门短视频，了解世界都是透过纷繁简短的一句话新闻，那么就需要警惕起来了，因为"倍速模式"正在吞噬我们的思考。

还记得在研究生开学的第一堂课上，我的老师在黑板上写下的第一个词就是"辩证思维"。这是让我们在诸多嘈杂的声音中尽最大可能免除干扰、看清事物本质、保有独立思考能力的基础。

❝ 高效，不等于一心二用 ❞

很多人误以为所谓"高效"就是能够在同一时间完成几件事，实则不然。在字典里，高效是指在相同或更短的时间里完成比其他人更多的任务，而且质量与其他人一样好或者比其他人更好。

质量，才是高效的基础。

相较十几年前，我们的生活已经发生了很大的改变，在人人都在追求高效与速度的前提下，让我们沉下心来完全享受慢生活、完全摒弃倍速生活很难做到。然而，如何在这样的节奏中避开"奶头乐"的陷阱，逃离焦虑，并且保持独立思考的能力，是值得我们思考的。

这里有几条建议，或许大家可以酌情采纳。

1.信息节食。

写过论文的朋友可能都知道，查阅文献是非常重要的一步。毕业时，我的导师在查看我们递交上去的论文时总是会先翻到最后一页，看我们查阅的文献有哪些。

"你查看的文献质量很大程度上影响了你这篇论文的好坏。有的学生引用的全部都是低质量的论文文献，说明他在写论文的第一步就没有做好，也就很难输出什么有价值的观点。"

刚毕业时，我最先是担任秘书的角色。

一次我在给老板准备出席某场活动的发言稿时，他对我说："我每次出席活动和参加调研都会带着你一同前往，目的就是让你接触和我接触的人、看到我看到的事，这样你才能掌握到和我一样多的信息，也只有这样，你对事情的看法也才能逐渐变得和我一致。现阶段我和你的不同，只是我掌握的信息比你多而已。"

目前，我们的生活整日被"垃圾信息"包围，如何判定你所接触到的信息究竟是有用的还是无用的？

加拿大作家斯科特·扬在《超效率手册》中提到有效信息的

一个判定准则，即行动与行动比。无论是用来打发时间的电视剧还是名人八卦新闻，如果能够影响你的行动，那就是有意义的，反之则是浪费时间。

同时，缩减无意义信息流的浏览时间。比如减少每天逛购物网络的次数，停止无意义的刷新微博热搜，限制打开无用手机应用程序（App）的频率，将更多的时间投入到更有效的信息中。

2.择善而从。

最近，"电视剧从众"现象在我们办公室变得越发严重。办公室的几位姐姐不知何时变成了"追星族"，每日谈论的话题便是他们所追的明星演的电视剧的进度、每次微信聊天都会发大量有关明星的表情包。然而新来的年轻同事并不喜欢看这些电视剧，无法融入话题的她总觉得自己仿佛与她们格格不入，为了在前辈们面前博得好感，于是她也开始疯狂刷剧，每天两倍速走马观花地看剧情，或是偷偷在电脑上搜剧情梗概，强行让自己加入这个团体。

其实，不单是电视剧，从众现象还体现在我们生活中的方方面面。

无意义的跟风其实是对时间最大的浪费。环境对人的影响是极大的，如果你为了加入某个话题而每天强迫自己去看自己不喜欢的电视、关注自己不感兴趣的明星，那么慢慢地你就会习惯这样的生活状态，让自己最后变成这样。反之，如果你周围聚满了效率高的人，那么他们的状态就会带动你，让你每天都精神百倍。

去找到和你目标一致的人吧，找到拥有良好习惯的朋友，择善而从，而非择众而从。

3.计算复利。

所谓复利，是一种计算利息的方法。按照这种方法，利息除了根据本金计算外，新得到的利息同样可以生息，俗称"利滚利"。

我们经常同时做两件事，比如一边吃饭一边看剧、一边跑步一边听歌，但当你对此进行分析的时候你会发现，这些凡是能同时做并且让你觉得轻松、没有"负罪感"的事情，它所产生的复利很少。

赋予我们一天的工作以价值，并且预估这项工作是否存在复利，那么我们就能够有选择地进行取舍或合并。比如我此前提到的舍友，她利用上课时间完成其他课程作业的做法就并不划算，她虽然节省了完成作业的时间，但却错失了老师在课堂上强调的知识点，而知识点的积累在未来一段时间所产生的复利是我们无法预估的。

大学期间很多同学都选择了打工实习，快餐店、咖啡厅、学生家教等的薪资收入对于没什么收入来源的学生来说往往很有诱惑力，因此这些工作都成了选择的热门，然而也有相当一部分同学奔赴了一些大型企业，那些企业没有实习工资，上下班路费也全部由自己承担。

在选择面前，有不少人会选择能够迅速看见收益回报的工作，他们以自己能够实现经济独立、不再依靠家里为荣。当然，这是值得鼓励的。但是等到毕业，那些在大企业实习的同学有的留在了公司，有的简历上写上了满满的实习经历，还有的在实习的过程中结识了赏识自己的领导或能力出众的行业前辈，其复利效果清晰可见。

在我们开始做一项工作之前，先计算它的复利，衡量它值不值得我们"牺牲"眼前的快乐去努力获得、全心投入。对高复利的工作，倾其全力、专注以待；而对于低复利的活动，直接舍弃或者开启倍速模式则能让我们距离"高效"更近一点儿。

高效，不等于一心二用。努力奔跑的年轻人，别让"倍速"控制了你的生活。

无法习惯孤独的人，终将被孤独吞没

> **' 我曾被孤独感杀死 '**

我遇到过这样一位备感孤独的人。

他独自一人外出留学，英文不好羞于沟通，每天过着"学校—宿舍"两点一线的生活。生活无人分享、心事无人倾诉，身在异乡，他一个人挨过一个又一个漫长的黑夜，他问我如何抵抗这样的孤独。

孤独感，是人类与生俱来的一种情绪感受，仿佛从我们出生开始就与我们如影随形。

不只是出国在外的留学生问过我，起早贪黑的学生、为生计奔波的上班族、自由职业的年轻人，他们都曾和我或多或少地谈过这个问题。

为了排解孤独，我身边有越来越多的人开始沉迷电视剧、看小说，之前一位独居的朋友对我说："我已经养成了回家打开电视机的习惯，这样我的家才能被声音填满，这样才不会显得我过于寂寞。"

精神上的孤独犹如大海中行驶的一叶扁舟，让我们迷失航行的目的。即便我们做再多的努力，当灯熄灭，那种孤寂感仍悄然而至。

前些日子我一个朋友养了只猫，曾有轻度"猫恐症"的人居然迈出了这样的一步，让我深感不可思议。我问她原因，她跟我说："我太孤独了。"

"以前我回家，迎接我的是一室黑暗，而现在推开门，它晃着尾巴来我身上蹭，让我难得地感受到了某种归属感。"

归属感，在某种程度上可以缓解我们内心的孤独。

可是在现代生活中，找寻这样的归属感却并非易事。

高中毕业之后我便开始了外出上学的生活。本科加研究生七年间，我辗转四个城市，工作后又在几个城市之间来回漂流。

由于工作原因，我有两年没有回到家乡，前些天抽出时间返乡，第一次感受到了什么是"近乡情怯"。高耸的建筑拔地而起，仿佛曾经那一片片低矮的平房只是我梦中的场景，我是本地人，却带了某种"异乡人"的孤独。

后来，我询问那些和我一样读书之后便留在异地工作的朋友，是否对某一个城市有归属感，得到的答案大抵类似，即便是在一座城买了房、定了居，可是仍旧排解不掉那份无孔不入的孤独。

归属这个东西，是个奢侈品。

此前我在聊到"孤独"这个词的时候，很多人都会将其跟单身连接在一起，他们总是会说："你有个对象就好了。"

后来我有了对象，可是孤独感仍旧存在，他们又对我说："等你结婚有了孩子就好了。"

于是，我询问了结了婚有了孩子的朋友，问她们是否身边多了几个人就不会感到孤独了，答案是否定的。

我认识很多已婚男士，每天下班他们都会在楼下玩一个小时手机再上楼；也遇到过为了逃避回家自愿加班的同事；更有为了填补空虚而夜夜笙歌的老板。他们婚姻幸福，但繁杂的柴米油盐生活让他们感到疲惫，另一半的不理解也仍旧会让他们感到孤独。

有的人没有控制好这种孤独，想象着"换个人会好一些"，于是出轨了；

有的人被这样的孤独感吞没，认为自己"得了绝症"，逐渐抑郁了；

……

那些无法习惯孤独的人，终会被孤独感"慢慢杀死"。

❝ 习惯孤独，是我们需要做的事 ❞

海德格尔认为，人的出生带有某种抛掷性。我们无法选择自己的出身和家庭，甚至连是否要来到这个世界都没有选择的权力，人类生而孤独。

为了抵抗孤独，我们开始抱团、扎堆，让寂寞的灵魂相聚，仿佛这样就能获得慰藉。

社会学教授特克尔认为，人类对于社交总有某种期待。比如，我们总是觉得自己能够获得他人的陪伴，总是希望有人可以倾听我们的心声。

当我们的心理期待无法获得满足时，我们就会感到孤独。

我们似乎永远都不能接受在前行的路上无人同行的寂寞。

前段时间，我和一位许久未见的大学挚友约在他所在的城市见面。到达约定地点推门而进，里面已经坐满了他唤来陪我喝酒的朋友。

席间觥筹交错，花样的劝酒词充斥在包厢的各个角落。这样的场景和我所期待的两人小酌谈心相去甚远，我看着坐在身边撸着袖子频频举杯，大谈"男人、女人、金钱"的朋友，心里有些酸涩的失落。

我清楚地知道，这顿饭之后我们可能不会再相见。成长的痛在于，我们终将和过去的一些人割裂，没有人能够陪我们走完全程。

孤独感的蔓延，与信息的便捷快速发展也有着密切的关系。

QQ、微信等即时聊天工具的出现，让我们的悲欢希望能够迅速得到他人的共鸣，因此我们总是会在网络上向他人分享自己的经历，并且期待着能够立即收到回复。

有些社交App有聊天对话实时显示状态的功能。聊天者能够清楚地看到自己发出的这条信息是否被对方阅读，随之，"已读不回"成了很多人的噩梦。

May就是"已读不回"功能的受害者，"当我兴冲冲地给朋友发了信息，等了几分钟之后我看到消息显示已读可对方却并没有回复我，那种感觉又恼火又丢脸，我觉得全世界都无法同理我。"

被抛弃感一次次侵袭而来，她逐渐变得不再喜欢社交，每次发信息最担心的就是别人不回复她的消息。

网络中还有一种孤独，叫"群聊中，别人聊得热火朝天，我讲话时却无人响应。"

我和May在同一个群聊中，每次我们讲话May都不会回应。偶尔几次她在群里冒泡，我便会立刻收到她的求救私信，让我赶快在群里发个表情"暖场"。

网络的虚幻和信息的畅通没有解决我们的孤独问题，反而让我们的感情变得更加脆弱。

当年，我离开父母奔赴大学，那是我人生的第一次别离。

日本诗人石川啄木在一首短歌中写道："不知怎的想坐火车了，下了火车，却没有去处。"跟我的感受如出一辙。

在北京读书期间，我站在天桥上看着下面车水马龙、万家灯火，那种迷茫与孤单我至今回想起来仍旧历历在目。

后来我迷上了旅行，每到周末总会一个人背着背包去周边的城市走走转转，直到某天我独自去国外游玩时才发现，不知何时，不会用导航的我也可以拿着手机在语言不通的地方走很远。

我有一位朋友从小被母亲娇惯着长大，长到二十多岁连一双袜子都不曾自己洗过，每次出来聚餐我们都戏称她是家里的"小公主"。然而去年朋友的母亲突然车祸离世，她的天塌了下来。

那段时间她整晚整晚地失眠，在洗澡时看到墙壁上沾挂的水珠都会情绪崩溃，她对我说："以往洗澡后我妈都会将墙壁擦干净，她说这样墙壁才不会发霉。"

这样的状态大概持续了一年时间，直到今年我再去看她，她的精神状态已经好转，并且家中整理得井井有条。

她曾经以为母亲的离开会让她彻底丧失生活下去的勇气，可是，她终究是一个人从过去走了出来，重新出发。人生有太多难熬的时刻，我们总是期待着有人能够救赎我们，可是往往能帮我们的人只有我们自己。

因此，当有人问我如何对抗孤独的时候，我的答案往往只有一个，那就是习惯它的存在。

" 你的孤独，他也同样拥有 "

有人曾将孤独的存在比喻成一缕青烟，它时刻存在于我们的生活中影响着我们的心境。

孤独只是人类最普遍的情感之一，但倘若它逐渐扩大成为牵绊，成为影响你情绪的因素时，那就意味着你的生命或许正在经历某种程度的挣扎，你需要停下往前奔跑的脚步，开始正视这份孤独。

正视孤独，需要你学会与自己独处。

当无法找到合适的人倾诉自己的感受、表达个人情感时，我们会因缺乏支持与联结而感到孤单。曾经我将那些向我表露过孤单情绪的来访者感到孤独的原因进行归总，发现他们中的相当一部分人身处新的生活环境、缺乏密友，或是有某些观点无法获得他人同理等，这类缺乏深层次内心的联结导致的孤独感让他们避无可避。在这样的情况下，自己成为自己的朋友是他们需要首先学习的基本技巧。

成功人士往往有自己的方法了解自己的需求和情感变化，我的领导从小学开始便养成了写日记的习惯，迄今已经30年。在我和一位商业大亨交谈时，对方也提到，自己每天清晨都会冥想20分钟。

当初我向那位饱受孤独困扰的留学生建议，每天抽出至少半小时放下手机，和自己相处。他选择在每天的固定时间在家中的浴缸里泡澡，"消化"自己一天的经历，"咀嚼"自己情绪的变化，并且静下心来进行未来的规划。一段时间下来，他整个人变得越发冷静，某天他对我说，自己逐渐忙于课业，已经很久没想过自己是否孤单的事。我想，于他而言，一份心境的改变，是来自他对自我的坚定吧。

告别孤独，需要你找到那个"对"的人。

我们会封闭自己，很多时候都是因为我们不被他人理解。当周围人谈论的话题我们不感兴趣时，当其他人的三观与我们不一致时，当我们的兴趣爱好得不到别人的任何关注时，强烈的孤单感会伴随着自我怀疑扑面而来。曾经我有个热衷于摇滚音乐、在外人看来活得肆意快活的友人，偏偏毕业后受家庭的影响回了县城老家，成为一个普普通通的办事员。城市太小，周边人都不理解他的爱好，他谈摇滚他们让他安定，他谈理想他们让他结婚，于是他越发沉默，并且越发感到孤独。

伏尔泰曾说："在这世上，不值得我们与之交谈的人比比皆是。"寻找适合自己的社交群，找到一群志同道合的人，是我们重要的心理支撑。当然，这并非一件容易的事，因为即便我们或许在某个方面找到了共同点，可或许在其他的方面也会出现分歧。在这个过程中，我们需要不断警醒自己，不要期待着寻找一个完全同理自己想法与经历的人。了解并包容人与人之间的不同，是我们能够与人交往的关键。

享受孤独，需要你拥有欣赏自己的能力。

项目失败、考试失利、情侣分手，往往是我们容易感到孤独的时刻，因为这些时候我们正在经历不同程度的自我价值丧失。之前我的一位来访者在大四毕业之际面试屡屡受挫，而男友又因奔赴异地工作选择放弃感情，双重打击之下，她心理崩溃，来到诊疗室进行心理咨询，脸上的那份被世界抛弃的孤独显露无遗。在对话中，我感受到的是她全方位的自我否定，"一无是处"是她对自己的评价。

我们往往会因外界的影响而出现对自我能力的质疑，因担心自己不够优秀而在自己与他人之间竖起牢固的墙，说到底，都是我们对自我价值的低估。看到自己的独特性，需要我们记录下自己的优势与能力，这可以从别人的夸赞中获得，也可以从让自己感到骄傲的长处中寻找。价值不一定非是非常宏大且具象的存在，它可以是一个小小的兴趣爱好，也可以是一个抽象的自己愿意为之付出努力的梦想。无论遇到什么样的打击，都告诉自己"这绝不是我能力的终点，我值得被更好地对待"。怀有这样的信念，能够让我们在无数黑夜中抵抗孤独的侵袭，朝着远方坚定前行。

我们要认为自己是特别的，就连当孤独来袭时也不例外。然而我更希望你知道，我们不过是众生芸芸，你的孤独，他也同样拥有。既然这样，你又有什么孤独呢？

克制负面情绪，
靠纾不靠忍

3个步骤处理愤怒情绪，让怒火有处可发

> " 年轻人，别把自己憋出病来 "

　　我的性格一向软弱，小时候坐在我后排的男生喜欢揪我的辫子，我不敢当面制止，只敢回家告诉我妈，希望她能帮我和老师申请调换位置。

　　我妈不理解："对方揪你，你就揍回去啊！"

　　这句话说起来简单，但是我做不到。

　　在与人发生冲突之前，我总会瞻前顾后地想到很多衍生的矛盾，胆怯让我对于表达愤怒这件事望而却步。

　　这种性格，让我对直率泼辣的人会下意识地产生畏惧情绪。

　　高中时，班上有一个女生性格泼辣，经常会听到她冲同学怒吼的声音。

　　和她成为同桌，让我在家唉声叹气了好多天，我妈不解：

"你究竟怕她什么？"

怕她什么？大概是怕她对我生气，而我连气回去的勇气都没有。

在外读书期间，我宿舍隔壁住的是两名外国女生。她们很喜欢深夜邀请一群人聚会，音乐声往往一直到天亮才逐渐停歇。

"你去敲门让他们停止这样的行为啊！"

"如果我有敲门的勇气，就不会如现在这般纠结。"

后来我买了降噪耳机，努力用自己能改变的方式试着接纳这件事。

改变自己，比表达愤怒更让我容易接受。

前段时间，因为社会外部环境及公司经营管理问题，朋友所在的公司经营不善，公司员工被强迫降薪。

朋友才刚调任不久，买了房以为安顿了下来，突如其来的薪资下调让他连每个月的房贷都无力偿还。朋友无法接受，但又不好意思去找老板理论，拉着我恼怒地讲述自己工作之后是如何的尽心尽力，老板如今的做法又是如何的"丧尽天良"。他们员工甚至开始组团，筹备着请律师直接跟老板对簿公堂。

一段时间之后，我问他律师找得怎么样了，他却又开始和我唉声叹气："我还是下不了决心，现在市场不景气，出口的单子全部积压着，老板应该也有很多难做的地方，降薪是被迫之举。我如果真那样做，那不是彻底撕破脸了？"

这种情绪的反反复复，让他陷入了不断的自我拉扯之中，愤怒却又不自觉地为他人开脱，在这样的情况下，他的攻击性被消磨在了过度的同理之中。

我的师姐和我一样，也是属于"老好人"的性格。

博士期间她去美国一所高校当交换生，其间遭遇了被同学歧视、被房东坑骗等不公对待，而她的怯懦让她一直把这口气闷在心里，认为自己只要努力，终会有一天让他们刮目相看。

她自我安慰："我这样是有素质的表现，不能和这群外国人一样。"

果然，通过努力，她的课业成绩在整个学院都名列前茅，算是"争了口气"。然而回国之后她就开始感到身体不适，到医院检查发现右胸长了乳腺瘤，在家休整了几个月的时间才能重新工作。

也许"退一步风平浪静，忍一时海阔天空"也有失效的时候，"把自己憋出病来"的情况反而越来越常见。

❝ 为什么我总是选择'控制自己' ❞

当提到"情绪管理"这个概念的时候，很多人的第一个想法就是：控制自己的负面情绪。

而愤怒，绝对是负面情绪清单中的榜首。

在我们的认知中，一个人高素质、有涵养的人的表现就是能够克制自己的激烈情绪，无论何时都可以"温润如玉"。

但是，愤怒作为人类正常的一种情绪，是内在系统的警报，能够告诉我们此时某件事已经触发了我们的神经，让我们感到不舒适。

察觉自己情绪的变化，能够将自己的情绪以足够体面的方式外显出来，是一种能力。有心理学家将愤怒分成了三种形式。

1.攻击型愤怒。这种是我们通常意义上所说的愤怒，这种类型的愤怒往往伴随着愤怒者激烈的行为反应，比如大喊大叫以及暴力行为。

2.被动型愤怒。当一个人选择压抑自己的愤怒情绪时，会将愤怒的情绪内化，会出现诸如冷战、退缩等消极应对方式。

3.自信型愤怒。这一种类型的愤怒是能够直截了当地表达出自己愤怒的原因，能够以理性的方式进行沟通。这种类型的愤怒是建立在双方尊重的立场上，能够合理有效地解决矛盾。

有研究表明，攻击型愤怒与被动型愤怒都不利于身体的健康，甚至会增加心血管方面疾病的风险。既然"自信型愤怒"是最为理性的沟通模式，为什么大多数时候我们无法控制自己的情绪？

通过分析大多数"压抑愤怒者"在恼怒之后的心理活动，可以看到这类人群背后隐藏的几种非理性认知。

1.我说的话，别人可能不爱听。

通常，这类非理性信念持有者往往受原生家庭的影响比较大。在调查中我们发现，以这一类作为压抑情绪理由的来访者，在家庭中有较为强势的父母，从小个人的想法会受到压制。

2.我的火气会激化矛盾，导致关系破裂。

社交中的敏感人群是这一类不合理信念持有者的"高发人群"，他们极度担心自己的言论会引发他人的不快，最后选择沉默。而过分的同理也是产生这一类信念的原因，就像我在此前提到的反复为老板经营不善寻找借口的朋友一样，常常会陷入过分的共情而畏首畏尾。

3.担心自己被讨厌。

社交中的完美主义者（和事佬）在关系中往往会尽力维系着社交中的平衡，为了不破坏任何一方的关系，他们通常会让自己成为情绪的消化者，白天"忍气吞声"，晚上"暗自垂泪"，并且埋怨着自己的"怯懦"。

此前我在进行情感问题调解的案例中发现，相当一部分的矛盾，包括感情破裂，都是由于情侣双方的不合理沟通导致。面对问题，情侣之间往往采取消极的应对方式，通过冷战、隐忍、避而不谈等手段搁置问题，最后导致问题激化。

有网友曾戏称，"我没事""没生气""挺好的"是女友在生气时的经典语录，而与之伴随的是男友的束手无措。当然这些语言的背后，蕴藏的往往是"我在生气"，但在冲突中，这种被动型愤怒的反应会让我们的关系僵住，甚至"冷矛盾"最终会激化成"热问题"，演变成"攻击性愤怒"的暴力行为。

❝ 体面地生气，很难吗？ ❞

与"情商"对应的一个词，被称之为"怒商"，它对应的是我们在面对愤怒时如何更好地进行自我管理。在心理治疗中，"发泄情绪"永远都是突破心理瓶颈，走向治愈的起点。

处理好自己的负面情绪，让自己的怒火"有处可发"是我们必须面对的问题。有心理学家将处理情绪问题分成了三个步骤。

第一步，识别情绪。

有很多人，由于成长经历、生活背景的原因，带有不同程度的情感麻木。即他感受不到诸如悲伤、心痛等负面情绪，对于自己所受到的伤害习惯了"逆来顺受"，出于自我保护内在防御系统将情绪隔离出去。

此前我有一个同学，在我们看来她非常幸福：学习成绩优秀，毕业之后找到了不错的工作，和交往多年的男友结了婚。可是她却感受不到幸福。原本我以为她只是习惯了这样平静的生活，但是在某次交谈中她告诉我，早在一年前，她发现了丈夫出轨。

"我什么都没做。"她对我说，"我一点儿都没有感受到委屈，甚至连悲伤的情绪都没有，我的丈夫甚至因此对我发了火，将他出轨的原因归结为我对他情感冷漠。但是他在气什么呢，发生了这种事，生气的应该是我，不是吗？"

没有人天生情感麻木，很多人的情感封闭与童年时的经历有关。家庭暴力、父母的指责、严苛的生长环境、个人需求频繁地无法得到满足，使得个体习惯性地忽视自己的情感状态，在这样的背景下，个体无法精准地识别自己的情绪。

学会识别情绪，是我们自我疗愈的第一步。

——对方的行为，让我觉得很生气。

——对方的话，让我感觉很不好。

——我并不像对方说的这般，我无法接受这样的指责。

这些都是我们在与人交往中，会出现的负面情绪。承认它、允许自己拥有这样的感受，是正确处理愤怒情绪的关键环节。

第二步，表达情绪。

表达情绪的方式有很多，在很多人的传统观念中，愤怒表达意味着"开战"，带有很强的攻击性。在我的来访者中，有一位Amy从小生长在压抑的环境中，父亲的过分强势压榨了她与母亲的生存空间，让她从小就丧失了愤怒的权利，与母亲扮演"言听计从"的角色，并且饱受家庭暴力的困扰。大学毕业后，她脱离原生家庭，但仍旧无法很好地表达自己的情绪，在与人交往包括婚恋关系中，她都是处于弱势的一方。前年Amy的原生家庭突逢变故，母亲受不了父亲的压迫选择离婚，后不久因车祸去世，Amy将一切归结于父亲，毅然断绝了父女关系并且发誓不再走母亲的老路。她决定改变自己，于是，她从表达愤怒开始。为了彰显自己的强势，她只要遇到恼火的事便刻意将问题扩大，遵循"吵架就要拼嗓门，吵不过我也要打得过，打不过我也要硬着头皮上"的宗旨，最后，男友无法忍受选择了与其分手。

为什么Amy会出现这样的极端变化？

是因为她错误地理解了愤怒的表达形式，在攻击与隐忍之中，她未看到之间的平衡点。上文中我们也曾提到，在介于两种情绪之间，其实我们有愤怒的第三种选择，即"自信型愤怒"。我们在辨别自己的愤怒情绪背后的来源之后，要将原因合理化，以备和对方进行沟通。

在这里，有一个控制情绪的心理学技巧，称之为"心理距离（psychological distance）"。它是指当愤怒事件发生时，我们先抽离当事人的姿态，将自己转变为一个旁观者，站在第三人的立场上寻找建议。比如，"如果这件事发生在我朋友身上，我该如何为她分析，又该如何看待这件事"，通过这样的身份转化，我们能够帮助自己采取更多的应对方式。

之前在与来访者沟通的时候，我常常会遇到"不会表达愤怒"的对象。

"我无法平静地和对方沟通，当我想表达自己的不满时，我通常会控制不住自己先流泪，然后语无伦次，无法很好地诉说自己愤怒的原因。"

甚至还有的来访者身体因此出现问题，"我过于厌恶一个人，因为对方总是惹恼我。可是我不知道如何表达愤怒，情绪累积之下，现在我遇到对方就会有呕吐、胃疼、头晕等身体反应。"

理性的沟通需要反复练习，格式塔训练（即"空椅子"技术）或许可以帮助不知如何正确表达愤怒的人。当我们遇到了让我们感到愤怒的事件，无法第一时间想到应对的语言时，先面对空椅子想象对方坐在自己对面，将所有的问题与空椅子进行交谈，以此作为练习，以便在当面交谈时能够实现有效的理性沟通。

第三步，管理情绪。

当我们能够识别情绪，并且可以正确地将情绪表达出来之后，就进入了情绪的管理阶段。在这个阶段，对个人而言，重要的不是"外放情绪"，而是"情绪内省"。

认知重构是我们需要管理情绪的重要一环。

愤怒作为一种能够被感知的外显情绪，它出现的原因多种多样。

愤怒感会掩盖我们其余的情绪，诸如背后交织的"恐惧、失望、脆弱"等。究竟是什么诱发我们出现这种情绪？我们身上存在的情感弱点到底是什么？识别这些有利于我们更好地分析问题，更好地进行情绪管理。

去年，我高三的堂弟在第一次模拟考结束之后垂头丧气。

"我完了，这次考得很烂，数学做错了一道大题，我高考完了！"

相反，同样在念高三的堂妹面对略显寒酸的成绩却表现出了积极的态度："还好这次只是模拟考，我们老师说了，虽然我这次没考好，但我还有时间实现逆袭。"

同一件事的不同解读，让他们出现了不同的情绪。而堂弟在负面情绪引导下，面对学习他开始出现畏难情绪，会特别在意老师的评价，将所有人对他的鼓励都当成是他人对自己的嘲讽，经常会与同学发生冲突，甚至还会觉得个别学习好的同学因为他学习差看不起他，影响了自己的社交。

然而我的那位堂妹，在那次考试之后越挫越勇，将所有人对她的鼓励都当成正向激励，每天精神满满地去学校，连她妈每次都会取笑自己的女儿"学习不咋地，心态第一名"，这两种不同的情绪反应，背后的根源就在于个人的信念不同。

分析自己愤怒背后的情绪，再深究其出现的成因，最后再相对应地采取方法进行改变，才能够彻底解决我们的愤怒情绪，更好地控制情绪，理性地和他人进行沟通，寻求对事情更好的解决方式。

我是个卑微的甲方。

通常，甲方在合作中是占据优势地位的，但因为我的怯懦，经常出现被乙方"牵着鼻子走"的无语事件。

要求对方修改方案，对方会提出一系列关于设计的独特见解说服我，或是找到一系列的借口表明自己的难处。习惯"息事宁人"的我通常会选择妥协，然后自己再根据领导的意见二次加班返工，这样的情势总是让我感到窝火又愤怒。

我一直都在和自己的怯懦进行斗争。

终于在前不久，我提前将对乙方的修改意见分门别类地罗列出来，并明确地标注好原因，在方案讨论会上勇敢地"站起来"

进行了讲解，事实证明，结果并没有我想的那般糟糕，我们的合作也并没有因此而破裂，甚至对方的负责人最后对我的修改意见表示了赞同。

体面地生气，是告诉我们要学会平等地表达自己的需求，让自己的情绪能够找到更加合理的去处。

2个小改变，快速走出又累又丧的死循环

> **❝ 对不起，我不想努力了 ❞**

前些天，我妈问了我一个直击心灵的问题："为什么你们这群年轻人，每天都又累又丧？"

之所以问出这句话，是因为我跟我妈已经整整五天没聊天了。

每天下班，我都瘫痪在床一动也不想动，然后拒绝我妈的视频邀请，或是按下接听键后匆忙说一句"今天太累了，明天聊吧"就挂断电话。

累，是我的常态。

心情不好，是我下班的日常。

我说这是因为现在的年轻人普遍工作压力大，有加不完的班、难沟通的老板、无法理解的同事，以及什么都不懂还非要指手画脚的甲方。

　　对此我妈却嗤之以鼻："你觉得我压力不大吗？我白天上班，晚上回家还要做饭，抽空还得打扫房间。你就坐坐办公室，你有什么不满意的？"

　　可是，我母亲没有看到过凌晨三点的街道，没有因为带项目连续十天每天只睡4个小时，也没有持续工作182天没有一天休息。

　　我去北京出差时顺便跟"北漂"朋友吃饭，她跟我说上周她经历了自己人生中最"丧"的阶段。

　　"我下班回家，被房东告知她的房子不租了，让我当天搬出去。我一个人抱着行李在北京的街头游走，看着车水马龙，我整个人崩溃了。那时候我就想着，这个城市这么大，为什么连我的容身之地都没有？"

　　"这还不是最惨的，最惨的是我接到了老板的电话。说据甲方反馈，我剪的视频需要修改，让我连夜赶回公司加班。我连哭都不敢再哭，飞速把行李放到附近一个朋友家，然后在公司熬了个通宵。"

　　大抵是生活的担子压的太重了，她开始整夜整夜失眠："有时候我十点上床睡觉，但一直到天亮都睡不着，最长的一次我失眠了整整三天。我不敢一个人独自面对黑夜，我每天就像个漂流瓶，抱着枕头满北京地找朋友借宿，不敢一个人睡在出租的房间里，总觉得特别孤独。"

　　我周围有个十分正能量的小姑娘，她每天在朋友圈发的都是励志语录或是跟朋友聚餐的欢快照片。和她聊天，她总喜欢打出一排"哈哈哈"，而在她给别人的评论里，也总能看到她发的"加油"表情包。我以为她是一个与"丧"不搭界的女孩，然而某天我突然刷到她在凌晨两点在朋友圈分享的一首歌，是中岛美嘉的《曾经我也想过一了百了》，上面她配了一段太宰治的文字：我本想这个冬日就去死的，可最近拿到一套鼠灰色细条纹的麻质和服，是适合夏天穿的和服，所以我还是先活到夏天吧。

我询问她是不是失眠，她告诉我自己只是心情不好。

"其实也没什么大不了的，估计也是很多人都会遇到的问题。我准备跟男朋友结婚，家人凑钱帮我们付了房子的首付，现在开始我们每月要还一万八千元钱的房贷，工资也就所剩无已。想到这些我就觉得压力很大，不知道以后拿什么要孩子？"

这种突然的"丧"，会在深夜如鬼魅闯入，紧紧扼住我们的喉咙。疲惫倦怠如潮般侵袭身体，想要挣脱逃避却又无处可去。这种疲惫每个人都在经历，可是每个人又无法摆脱。

我们心怀期望，却又同时感到绝望。

❝ 饱食穷命，谁虚构了我们的快乐 ❞

"丧"指的是一种情绪，由个人强烈的无意义感与孤独感交织构成。它制造着我们对现实的不满却又无力改变的冲突，让我们不知道活着的意义和价值。

一项专门针对当前"丧"文化进行的调查报告显示，当前的"丧"人群呈现出年龄提前、抑郁情绪占比上升的趋势，"90后"从业者以及当前的学生群体占据了相当多的数量。其中，同辈压力、单身、房价以及"996"是当代人"丧"的主要原因。

在日本记者斋藤茂南的《饱食穷命》一书中，描写了一群"饱食穷命"的人，他们中有因迷失自我而不得不寻求心理咨询进行慰藉的白领，也有在外人看来衣食无忧却难以负荷超高工作压力而消失的金融员，还有拼命进行超前贷款消费最后将家庭拖垮的夫妻。

他说："我们就像是骑在一辆随时会倒下的独轮车上，感受到背后不断逼近的不安，非得骑到把自己累倒，不死不休。"

而在现代社会，斋藤茂南书中的这些人大抵就是我们自己。

我认识一位企业老板，他旗下有两家公司，在上海拥有一栋独立的写字楼，其他财产更是不计其数。在没和他交谈前，我和所有人一样都认为他是人生赢家，衣食无忧。但实际上，他生活得与"打工人"并无两样。

他五点准时起床跑步，六点半到公司，如果没有应酬，十一点半吃午饭，休息片刻后就直接工作到晚上十点回家，而需要洽谈项目时，他回家的时间甚至还会往后延长。他几乎没有私人时间，连妻子也与他相隔异地。

他说："年轻的时候我想打工赚钱，获得更好的生活。年纪大了条件好了，可是身上承载的社会责任又增加了。不是我想干，是这个时代推着我去干。"

身后的百余名员工，全都需要他身下的那辆"独轮车"继续运转。

我们的"丧"，就是来自这不断转动的步伐。

我们的"丧"是由外部环境与内部思想共同构建而来的。社会越发展，留给我们的自由时间就越少。

宁波某孕妇因为在10分钟之内没回领导电话而遭到开除，南宁某员工因申请休年假被责令离开公司……这样的外部环境所带来的焦虑和内卷，是让我们"丧"的外部原因。

然而相比于外部，内部思想因素对我们个人情感体验的影响则更为直接。

学生时代，不利于我们在考试中获得优秀成绩的事情和思想，一般都会被禁止。并非说这种做法不好，而是这样会禁锢我们对幸福的想象，导致我们难以看到人生的其他可能。

我身边就有一位朋友，在学生时代她是同龄人的佼佼者，对于成功有着像社会大多数主流价值观一样的理解。毕业之后，顶着名校光环的她考取公务员，成了体制内的一员，在被分到乡镇做最基础的工作后，她每日愈"丧"。

"我每天就像居委会大妈，不停地给村民解决问题，每天面临的都是家长里短的事儿。这跟我曾想要过的生活完全不一样。"

对于成功的定义局限了她的思维，现实与理想之间的不平衡，让她感觉到"丧"。

" 若要'丧'，也请积极地'丧' "

"丧"作为一种带有消极特质的情绪，被人听到时都会皱眉头。在我们的普遍认知中，只有积极乐观才是正确的，才能够生活幸福。

然而，心理学家南希·康托在20世纪80年代提了"积极的悲观主义"概念，她认为：具有这一项特质的人能够很好地抵抗焦虑、恐惧等负面情绪。

通俗的解释就是，在事情开始之前，人们通过设想最坏情况的方式降低期待值，为失败做好心理准备。一方面，这样的做法能够让我们在执行中做更周全的战略；另一方面，也可以激励自己奋进以避免失败。这个做法，也被命名为"防御性悲观"。

如何化"抑郁丧"为"积极丧"，你可以尝试两个方面的改变。

1.从关注自我到关注他人。

此前一个人跟我抱怨自己的生活实在太苦了，并且认为世界上没有人能同理他的苦。我觉得很奇怪，我问他这个世界上谁不苦？事实就是这样，他的父母一把年纪了每天还要上班，很苦；每天送外卖的人也很苦；我白天上班辛苦忙碌也很苦……每个人都很苦，为什么他觉得这个世界上只有他最苦？

关注自我的感受，是一种最容易的思考方式。

我们难过时，总会忘记他人也正在难过；我们委屈时，总会忘记别人也在委屈。

之前我曾接待过这样一位来访者，她和我说："我现在看什么都不顺眼，我在办公室听到同事大声讲话就会觉得他们烦躁至极。下班之后我上地铁，人群中全都是难闻至极的臭味，大家都没素质地挤来挤去，我也会莫名恼怒……"

我建议她结束咨询后，回去就进行换位观察："同事聊天，如果他们讨论的也是你可以参与的话题，那么你或许可以尝试停下手中的工作跟着他们讨论，并且，你要能够捕捉到对方在叙述中的闪光点。在地铁站时，去观察每一位乘客的表情，去看那些所谓的'素质低下'的乘客脸上的倦态，你就会发现他们工作一天也和你有着相同的疲惫。"

如果我们能在自己的情绪可察觉地逐渐变得恼怒、低落、"丧"的时候，学会将视线从自我转到他人，那么你就实现了更高一级的思考方式。你就会觉得，这个世界并没有你想的那样丑陋。

2.从过度想象到甘于平凡。

电影《心灵奇旅》中，有一条关于鱼的故事。

一条小鱼游到老鱼身边说："我要找到它们称之为海洋的东西。"

老鱼说："海洋？可是你现在就在海洋里啊。"

小鱼说："这儿？这是水。我想要的是海洋。"

我们往往会因为自己设想的世界，而忽略眼前的风景。电影中一直想要在大会场演奏的乔伊终于实现了梦想，可是却发现生活依旧和以前一样，幻想与现实之间的落差让他的心情瞬间失落。电影中的男主角被点醒，悟出了人生真实、不过平凡的真理，可是我们周边太多的人执着于虚假的想象。

我在网络上认识了一个姑娘。我认识她的时候她在一家公司担任人力资源管理（HR）。我记得那时候她和我聊天常常抱怨HR业内生态不如人意，老板对员工的剥削力度太大，每天招聘的压力让她头秃，还有同事之间复杂而微妙的人际关系也让她倍感厌烦。

"没学到什么真本领，遇到的都是一地鸡毛的琐事。"

她认为这是她所在公司的问题，于是两年后她跳槽到了另一家公司。前几日她和我说，她又打算辞职了。

我觉得诧异，她换到新的工作岗位也不过半年的时间。她的回答与之前大抵相似："我们部门一共七八个员工，结果什么事儿都让我一个人做。同事们也互相推诿、拉帮结派，领导每天就只盯着我干活儿。我来这儿是想要获得进步的，结果每天在这边做的还是一样的工作，想当初我还不如不跳槽呢。"

我和她说："如果你在这里离职是因为领导给你分配的工作过重，或是人际关系复杂，那么无论你换多少个工作都会面临一样的处境。因为工作就是这样，是你对它抱有的期待值太高了。"

况且，我也并不认为她在岗位中没有得到锻炼。

从学徒到师傅，从"菜鸟小白"到独当一面，这些她都是在不知不觉中学到的本领，只是她太沉溺在对自己进步的想象中，忽略了自己细微的变化。

我们总是这样，刚上班那会儿总觉得自己能利用所学在工作中大展拳脚，有着改变世界的激情和魄力。结果工作几年后发现，我们连自己被生活蹂躏的快要散架的身躯都改变不了。

放低自己的身段，停止那些不切实际的想象，去感受这个世界的平凡，然后在平凡中获得体会，才能让我们看到这个世界积极又明亮的那一面。

"丧"并不是一件可怕的事，它只是我们对生活感到疲惫时最温柔的反击。只是，不要带着一颗抑郁而悲观的心去看待这个世界，即便是"丧"，也要"丧"得积极。

当你发觉自己开始觉得一切无意义的时候，当你被悲伤淹没、觉得"人间不值得"的时候，请抬头看看漂浮的白云、漫天的星斗、路上努力盛开的野花，还有匆忙行走的路人，总有一个瞬间会抵抗你的孤单，让你发现活着本身就是一件有意义的事。

毕竟就像《当命运来敲门》中所说的：我们渺小、微弱、平凡，但在人间，从未失格。

巧妙纾解忌妒，让它成为你变优秀的动力

> **有一种难受，叫别人都比我好**

世界上最遥远的距离，就是我在加班，你在旅游；我在格子间奋笔疾书，你在星巴克品着咖啡；我拼死拼活一个月收入3000，你却轻轻松松收入过万。

我不禁要问，为什么别人总是过得比我好？

前段时间，Lee找到我，说觉得自己最近好像有了"心理问题"。

"我发现自己的心态好像变得越来越不好，人也变得越来越'恶毒'。关系很好的发小昨天跟我说自己跳槽到了一家新的工作岗位，薪资上涨了一倍。我表面上祝福了她，但是更多的却是失落，那一瞬间我被浓浓的忌妒包裹，甚至希望如果她没有跳槽就好了，那么我们就不会有这么大的工资差距。可是她明明是我

最好的朋友，我应该祝福她的，可是我却为什么会突然出现了这种想法？"

拥有这种心态，Lee绝对不是个例。

毕业那一年，有的同学考上了研究生，有的同学获得了世界百强企业的offer，还有的同学选择了出国深造，仿佛整个年级唯独我平平无奇。

很多交往多年的好友，都是因为"忌妒"而无法再心平气和地分享琐事，也是因"忌妒"而变得渐行渐远。

我们都觉得是"他变了"，可在这过程中变的只有我们的心态。

前几天我的好朋友给我发了几张朋友圈的截屏，跟我说了句"我又'酸'了"。实际上，这也不是她第一次"酸"。

看到女生拍了好看的照片会"酸"："为什么我的朋友看起来都这么洋气，只有我看起来土土的？"

看到有人秀恩爱会"酸"："为什么别人都有甜甜的爱情，唯独我是孤寡老人？"

就连看到别人晒成绩单都会"酸"："为什么人家都这么优秀，我却一事无成？"

我对她说："你在别人眼里也很优秀啊，名校毕业、身居要职、爱好广泛，你在'酸'别人的同时，殊不知别人也在'酸'你。"

她却不以为然："那都是表面现象，本质上我就是个'菜鸡'。"

因为忌妒，她每天过得都异常痛苦，微信朋友圈也是关了又开，开了又开。

对自己的生活状态，她也始终保有很多不满意。

她毕业之后听从家里的建议，到距离老家不远的二线城市工作。因为学历背景在这个缺乏人才的小城市还算比较"能打"，她如愿进入了一家公司，也很快受到了重用和提拔。可是二线城市终归有颇多"不足"，她的薪资较同辈而言不占优势，甚至可以说低于平均水平，娱乐活动也锐减，个人的精神需求无法得到满足。

于是，与日俱增的只有羡慕忌妒之心。

某天她很真诚地问我："你说我一直忌妒身边的人，是不是一种病？"

这如果是一种病，那么我必须得说，我认识的绝大多数人都有这种病。

我的表姐从小就是漫画迷，从小立志成为一个漫画家。她有一个姐妹团，里面都是一群有着相同爱好的朋友。

她们因为志趣相投，无话不谈，互相分享自己的喜好、收稿的渠道还有琐碎的日常，可是慢慢地我发现表姐跟我聊到这群小姐妹的频率越来越低了。

我问她原因，她跟我说："我们不怎么聊了。"

我有点儿奇怪，她戏称："因为现在群里贫富差距太大了。"

她们之间，互相的画风虽然不同，但绘画水平差距不大，唯独不同的是发展境遇。

有的遇到了很好的脚本，所画漫画大爆，成了坐拥几十万"粉丝"的"大V"；

有的选择了转行，去了游戏设计公司上班，每个月也有不错的薪资收入；

当然还有的依旧在圈子里沉浮，做一个默默无闻的画手，等待着被看见的那一天……

面对别人的成功，心里有波澜吗？

有。

会忌妒吗？

会。

面对种种差异，他们逐渐不知该如何交流，慢慢渐行渐远。

这是人生的无奈，也是人生的常态。

当然这种现象并非完全是因忌妒造成的，但是却和成员之间心理变化的无法调节有关。

❝ 我这么善妒，活该没朋友吧 ❞

忌妒，通常作为一种负面的词汇被大家认知。好像忌妒的人都是见不惯别人好的小人，忌妒是人类的恶行。

我们都不愿意承认自己的忌妒之心，同样也不想结交那些善妒的朋友。可是忌妒本身是不是真的那么不堪？其实不是的，它作为因比较而出现的社会性概念，只是一种人类正常的情绪反应。

我们无法真正地将自己与忌妒剥离，因为忌妒代表了欲望。它其实和愤怒、恐惧等负面情绪一样，混杂了道德上的不安以及内心的丧失感（包括在割裂时的痛苦）。当它积攒到一定程度，会有两种结果。

一种是正向激励，催人奋进。

在忌妒情绪出现时，大多数人拒绝承认。就像我们面对兴高采烈地诉说自己现在有多成功的朋友时，即便内心酸涩也会说出一句"恭喜"。而在这之后，有的人会选择默默努力，追上朋友的脚步，以对方的优秀激励自己，让自己能够变得和他一样，这种忌妒带有正向激励的特质，有利于个人发展。

另一种是负面消极，放弃生活。

忌妒是带有很强的强制性驱力的，会让我们下意识地怪罪对方。"如果不是他，我们不会有这样的感觉"，又或者"他只不过是运气好罢了，而我总是倒霉"，在这样的想法之下，消极的处置方法会带来负面的反应，我们可能会选择破罐子破摔，疏离那些会让我们感到压力的朋友，生活便变得越来越"颓废"。

我们之所以厌恶它的存在，是因为我们只看到了后一种负面因素，而忽略了它的正向激励作用。

"忌妒"这种情绪，因比较而存在，它通常有两方面特质。

在范围上，忌妒多发生在"熟人圈"。

我们很少会对某位名人出现忌妒情绪，比如在生活中，我们会因为同桌的数学成绩一直比自己好，而感受到忌妒，但极少有人会忌妒华罗庚的数学水平。

因为"忌妒"的背后往往蕴藏着一个潜在的观念："为什么他可以，我不行？"

在同样起跑线奋力前行的一群人，突然有一天你意识到别人进步了，而你还在原地打转，忌妒就会伴随着懊恼、失落、埋怨汹涌而来。

"为什么最初大家都是一样的，可是现在只有我一个人仍旧这么差劲？"你没办法接受这件事，对方的言论在你看来都是在炫耀，对方的痛苦变成了矫情，你无法面对对方的成功，就像你没办法面对自己的失败。

在原因上，忌妒大多源于资源竞争。

在我初入公司之时，我在某个工程部部门担任实习生。

那个时候部门里男生居多，年纪都比我长很多岁，大家对我这个"小妹妹"也都颇为照顾。

一年之后，我被火速提拔，一跃成了这些大哥们的"领导"，关系的不平衡随之而来。

面对工作，大家开始互相推诿；背后里，也逐渐传出了各种各样的声音。

因为对于我而言，我就是那个动了他们"奶酪"的罪魁祸首，我的火速提拔挤占了他们原本论资排辈的竞争秩序，抢夺了他们原本的资源，这让他们感到了不平衡、不痛快。

这种忌妒，是因为权力资源的被掠夺。

在上学的时候，我们经常会说"三个人的友情，最尴尬"。

高一我和班上另外两个女生的关系都很好，我们三个人经常一起出现，被戏称为"最强铁三角"。可是这种稳定的关系，到了高二开始遭到了破坏。

高二，文理分班，我和另外一个女生A选择了文科，而另外一个同学B则选择了理科。

班级的不同，让我跟A越走越近，此时，B便出现了危机感。

为了缓解她的忌妒感，她开始分头挑拨我和A的关系，最后谎言戳破，我们的"铁三角"解散。

这种忌妒，是因为感情资源的被掠夺。

忌妒出现的本质，是因为你感受到了某种"危机"，你的利益受到了侵犯。

谁能拯救我的忌妒之心？

其实，忌妒对于很多人来说，是不喜欢却又无法控制的情绪。

大多数找我进行心理咨询的朋友，在谈及自己的这种情绪时都带有很强的抵触情绪，认为"自己不应该这样"，甚至还会问我，自己是不是得了什么心理上的疾病？

忌妒诚然并不是什么大不了的事，但是能够客观反映个人目前对自己生活状态的满意程度，以及相应的性格特质。

有学者对容易出现忌妒情绪的人的性格特质进行了分析，将"易忌妒人群"的特征进行了一些归纳。

1.它通常发生在喜欢抱怨的人身上。

喜欢抱怨的人，总是对目前的生活有所不满，认为出现问题的根源在于别人，而自己总是"时运不济、命运多舛"的那一个。在这种心态的影响下，他们总是有一种强烈的不公平感，对别人的成功也变得尤为敏感。

2.它通常发生在虚荣心强的人身上。

虚荣心强的人，无时无刻不在比较着自己和周围人的优势和劣势，他们需要用周围人的失败来衬托自己的成功，而自己的内心带有自傲的情绪，他们无法接受自己比其他人差。

3.它通常发生在价值单一的人身上。

这种类型的人，他们对于"成功与失败""幸福与不幸"都有着单一的衡量标准，通常金钱的多寡会是判定成功的因素，有的会将金钱替换成美貌、成绩等，他们不擅长多元化分析事物，认定只要身边某个人在自己认定的判别标准上超越了自己，那就是好的。

如果你不能很好地掌握自己的心态，视忌妒为某种压力，那么或许你可以试着改变，让自己变得更加平衡。这样在忌妒出现的时候，你才能够将其转变为促使自己进步的正能量，而非带给自己压力的负面情绪。

1.直面你的忌妒。

通常，我们感到忌妒的根源是因为我们接收到某些让我们有压力的信息，当这个信息对我们自信构成威胁的时候，忌妒应运而生。

其实忌妒并不是难以承认的情绪，当你接收到信息并且开始出现忌妒情绪的时候，深呼吸并将自己的忌妒情绪暂且搁置，不要让它占满你的头脑。

在这个时候，分析获取到的信息是你要进行的第二步。

为什么这个信息会对你造成伤害？搞清楚它背后的原因，是比压抑忌妒更有效的应对方式。

我的好朋友在受到忌妒困扰的时候，我让她将自己获取到的让自己出现忌妒的事件与内心感受全部记下来，经过分析发现其实就是一个简单的"对方有，我没有"的逻辑关系。

对方有假期，我没有，所以我忌妒了；

对方工资高，我工资低，所以我忌妒了。

这种忌妒，其实是一种直白的剥离背景条件的对比。

紧接着我们要做的，就是背景扩充，也是因果分析。

比如，工资高，也许是因为对方所在的公司是处于上海的某家外企，而我所在的公司地处成都，这种收入差异是地域带给我的。

再者，他的工资高是因为他自身具备某种他人都不具备的专业技能，而我目前从事的岗位技术性并没有对方那么强，因此造成了我们目前的差异。

最后，询问自己，想要改变吗？

不想改变目前生活状态的忌妒，是没有意义的。

如果我想要变得和对方一样，消除这个阶段的忌妒，我可以根据上述原因分析，选择更换工作的地点，或是提升自己的专业技能。

但如果我无法改变目前的状态，又无法抑制自己的忌妒，那么可以再次进行条件扩充，用假设的条件将我们的标准拉回到同一起跑线上：如果对方目前面临自己的处境，能够做到什么样的程度？是比自己好还是差？如果比自己好，对方是怎么做到的？自己是不是也可以做到？如果不如自己，那么这样的忌妒也就随之没有了意义。

每一次的"原因—结果"分析，会让你养成思考的习惯，能够和忌妒共处。

2.发现自己的闪光点。

忌妒来自"向上比较"。

我在书中不止一次地提到中国式教育，家长给孩子的压力，是带给我们焦虑、忌妒等负面情绪的重要原因。

"强中自有强中手"这个俗语我们众所周知，它时常被拿来提醒一些取得了某种成绩就沾沾自喜的人，告诉他们不要得意，因为仍旧有比你更厉害的人存在。这样的心态，会让我们习惯性陷入两种感受当中，一是"总有人比我强"，二是"我对自己不满意"。

不会欣赏自己，成了我们很多人的痛点。

我在和前文提到的朋友进行沟通时，常常需要花费很多时间告诉她其实她真的很棒。

她会拿自己3000元的薪资和对方的30000元去比较，而忽略了自己在父母身边，而那个人在外拼搏，两年都没回过家乡；她会忌妒对方拥有五光十色的都市生活，喝酒蹦迪享受人生，却忽略了她自己每天晚上回家看书作画拥有着岁月静好，也是别人心中的向往。

网络的便捷让我们总能迅速捕捉别人分享的"精彩瞬间"，却忘记了回头看看自己平淡的幸福。

将幸福的评判标准从单一的陷阱中挣脱出来，幸福本身并不是用价格定义的存在。我认识年薪百万却抑郁严重，每天靠药物维持平稳心情的企业高管；也认识身无分文，每天为了梦想愉悦奔波的打工人。在你为了"我开的是五菱之光他开的是百万奔驰"而感到忌妒的时候，有的人正在为了自行车换了电动车而感到愉悦，因为那就是他评判幸福的标准。

忌妒这件事，其实也可以变得很体面。

用主动取代被动，从"我不行"到"我可以"

> 不管我成功与否，我都感到焦虑

最近我频繁做噩梦，梦到正在睡觉的自己睁眼发现自己身处考场，卷子空白一片什么都写不出来；或是梦到走在迷雾中，无论如何都找不到出路；甚至我领导也在我的梦里"兴风作浪"，为我本就不堪一击的睡眠雪上加霜。

不知什么时候，我陷入了漫天的焦虑情绪中不可自拔。

前年，我写的一本书获得了某个文学奖，然而，我也只有初闻消息的那一刹那快乐，面对周边人的恭喜，我越发心虚。

"能得这个奖，只是因为刚巧那个评委比较喜欢我的写作风格，都是碰运气的事儿。"

"万一我以后写不出这样好的文字，我的读者会不会因此而失望呢？"

最后我向自己发出灵魂一问："这个奖，我真的配得吗？"

这种想法很快吞噬了我的快乐，并且带给我了无边的压力。因为我知道，为了"配得上"这个奖，我必须付出更多的努力来证明自己。

我和朋友开玩笑说："小时候，我时常做出一些夸张的举动，生怕别人看不起我。而现在，我经常提醒自己保持低调，生怕别人太看得起我。"

从希望被别人"高看一眼"，到生怕被别人"看高一眼"，背后藏着一句话，那就是"我其实真的不行"。

前段时间，我所在的公司进行了人事调整。一位在我们看来十分优秀的"90后"女孩被破格提拔到了领导岗位，人事变动一经公布，大家纷纷去恭喜那位姑娘。然而，在某次聚会的时候，那个姑娘却说自己其实并不快乐。

"我初进咱们公司时，最大的希望就是自己有一天能走到管理层，可是当我真的被提拔了，却感觉一切都来得那么不真实。我甚至觉得这一切和自己的能力无关，只是因为那个岗位正好需要的是一位"90后"女性领导者，而我正好幸运地符合条件，所以被选中了。如今我被推到了聚光灯下，我很害怕自己的真实能力会暴露，万一大家发现我其实并不像他们以为的那么优秀，到时候我要怎么办呀？"

她这番话当即让我意识到，原来一直以来，有这种焦虑情绪的并非只有我一人，"冒充者综合征（impostor syndrome）"这个词随之出现在了我的脑海中。

❝ 我不害怕努力，我只是怕再次失败 ❞

"冒充者综合征"又称"自我能力否定倾向"，有这种心理的人往往会认为他们并非如他人所想的那般有能力，并且当他们获得成功，他们会将成功的因素归结为好运气或良好的社会关系，而非自己真实的能力，最终出现感觉自己在欺骗别人，并且害怕被他人发现真相的现象。

有的人在热恋中，会刻意将自己塑造成对方喜欢的样子；

有的人在团队中，会认为只要不是最优秀的，就是失败；

有的人在交往中，会下意识地惧怕他人释放的好感，认为对方不够了解自己。

每个人在社会中都会经历不同程度的"冒充者综合征"，有研究数据显示：70%的人在生活中会经历至少一次这样的心理状态。但出现这样的心理需要警惕，因为这样的念头一旦滋生，就会慢慢反向"侵蚀"你生活中的方方面面，让你变得越来越惧怕失败，对自己越来越不满意。

前些天我的一篇稿子被编辑退回来，而彼时已经是我第五次修改。每一次帮我改稿的编辑给出的理由都是一样的："我觉得你写的不够有趣。"而对方的这句话，似乎"证实"了一直以来我对自己的猜想，"我果然不行"。

我开始变得毫无斗志，打开文档才写了几个字，便开始想着"我写的果真是好无聊"，于是无限拖延，不敢主动找编辑聊稿子，仿佛这样就可以不用面对这件事。

朋友跟我说："被退改稿子多正常啊，我上一版改了7万字，你看我不还是照样在勤勤恳恳地做吗？赚钱嘛，不要怕辛苦。"可是他不懂，我并不怕努力，我只是害怕再一次失败。

对失败的恐惧显然人人都有，造成的因素也有很多，但因为"自我能力否定"而出现的"我不行"的心理倾向，是其中最重要的一个。

曾经在我的来访者中，有一位双相情感障碍患者的母亲，她说："我儿子从小到大学习都很好，性格也特别活泼外向。上了大学之后却突然变得孤僻、独来独往、难以亲近，学校辅导员跟我说，他大二整个学期都没上过课，现在已经被迫休学了。"一个人的前后性格转变如此之大，让我觉得其中一定有某些环节没有衔接上。

于是我问她："在您儿子上大学期间，有没有发生过你觉得对他影响很大的事件？"

这位母亲想了想："他刚上大学的时候，放假回来跟我说觉得班级里人才济济。上大学之前他一直是'天之骄子'，在班级里每次都数一数二的那种，可是一到大学，他发现别人好像都比他厉害。后来他们班竞选班长，他落选了，好像就是从那之后，他觉得周围的同学对他有意见，他就慢慢地不再喜欢跟那些人相处了。"

当然，将那位男孩的变化简单地归结为一次失败打击之后的心理反应，显然是不负责任的。但我想说的是，如果我们随时带着"冒充者综合征"的视角去生活，那最后一定会被生活吞噬。

❝ 目标，才不是越高越好 ❞

导致"冒充者们"出现的因素很多，它可能与你从小成长的经历有关，也可能是受到了社会的影响。但每一次的自我否认，背后都有过高的心理预期在作祟。

有研究表示，"冒充者们"的内心往往都会有一个让自己满意的能力标准，然而这些标准和要求往往会设定得过高，当他们达不到时，就会出现自我怀疑。

我上面提到的其实是一次没有完成的心理咨询，因为我全程都没有见到这位母亲口中的那位患有双相情感障碍的儿子。

在这位母亲和我进行了长达三个小时的交谈、抱怨之后，她的诉求是："希望你能说服我儿子重返校园，因为我已经帮他联系了一所国外的学校去念研究生，这么好的机会千万不能错过啊。"直到最后，这位母亲都没有提及一句"希望我儿子的心理尽快恢复健康"。

可能这位母亲始终认为，只要她儿子答应再次回到学校念书，和其他人一样按部就班地生活，那么一切就可以恢复原样——包括心理问题。

不知从何时起，我们的世界慢慢地被这些"物化"的结果所取代，活得越来越"目标导向"，这样导致的后果就是，我们的"自我"变得越来越小，正在慢慢地消失不见。

大多数家长"望子成龙、望女成凤"，我们好像从出生开始就踏上了"升级打怪"的道路，小时候我们跟别人家的孩子比成绩，毕业了跟别人家的孩子比工资，结婚了跟别人家的孩子比家庭，可是在被比较的路上我们渐渐发现，在这过程中消磨掉的全是我们的自信，因为，比较之下没有赢家。

" 其实你'很行' "

脱离"冒充者"的行列，戒断自我怀疑的方法其实有很多，在这里列举一些供大家参考。

第一步：查明原因。

识别出让你成为"冒充者"的原因远比你不断沉浸在消极情绪里来的有用。很多时候，你的"冒充感"并非来源于你个人，而是与你的成长经历、周围人的期待以及外部环境有关。

比如，年幼时家教严格，并且习惯性扮演"好孩子"角色的个体，在成年后会为了延续周围人对自己的角色期待而给自己定下"我只能成功"的心理期待，一旦受挫，便更容易引发其失落感。这也是为什么在早期"冒充者综合征"的概念被提出来时，学者波琳和苏珊娜将其定义为"在特定的高成就女性群体中尤其普遍和强烈的一种自我虚假的瞬时体验"的原因，在这里对方特别强调了"高成就"，我认为，"高成就"一词对于个体来说，与其说是社会赋予其的角色地位，不如说是对自己行为价值的期待更为合适。

同时，外部环境变化也会对个人的行为产生影响。曾有一次我在和一位在哈佛大学读博的学姐聊天时，她提及自己初到哈佛加入课题组时只有她一位华人女性，这种境况让她出现了极强的"冒充者"心理，为了能够"匹配"自己的角色，她每天过度准备作业，时刻处在焦虑之中，最后高强度的心理负担造成了她身体上的不良反应，她不得不暂停了一年的学习休学回国。

当我们明晰了问题的成因，将聚焦点从问题上拉开，将视野拓宽到更为广阔的空间范围之中，注重过程感的体验，那就不会执着于"我究竟会不会成功"这个结果了。

第二步：修正目标。

每个人在进行某项工作的时候，都会在脑海中不自觉地设置标准，最终形成对事情的结果期待。有时候我们生活中的疲惫感，往往是因为对自己设定了超出自己能力的过高标准。

当我们进入新的工作、生活环境，开启一个新的项目或开始一个新的学期时，都会出现不同程度的"本领恐慌"。适度的本领恐慌对个人的成长有好处，但过度恐慌就需要重新规划一下自己的方向，看看是否要从个人成长定位的角度来进行重新规划。

所谓目标，是踮起脚尖能够得到的地方；倘若我们习惯性制定要大跳才能实现的标准，显然对个体来说是一种过强的压力。

先"有为"，再"有所为"。当初那个被提拔的"90后"姑娘每日深陷管理恐惧中不可自拔，她一方面想要努力证明自己，希望能够在项目上有所突破；另一方面又抱怨员工摆资历，不能很好地配合她的"雄心壮志"。我并不认为她有宏大的理想有什么不对，也并不是为其他员工开脱，只是觉得，人是一种很奇怪的生物，既然我们无法改变周围人、改变现状，那不如将步子迈小点，将目标定在自己可控的范围之内，然后再努力做到最好。

第三步：持续努力。

努力是获得成功最稳妥的方法，但很多人都不明白努力的真正含义。实际上，努力应该更具有方向性和针对性。在这里，我想谈及它的两个维度：时间、强度。

从时间维度上来看，努力是有时间限定的概念，持久不懈的努力才能有所获得。我们大多数人的努力是"间歇性努力"，力度强但持久性不足。记得我上大学时，每逢期末考试都能看到"突击"考试的学生们成群结队地出现在校园的各个角落，为了达到及格线而奋力"鏖战"。当然，这种方式在短时间内效果显著，但是对个人的长期发展并没有任何助益。曾经在某次和中科院院士碰面时，我很惊讶于他在四十多岁时就取得了如此重要的成就，他的助理和我说："这位院士每天待在实验室里的时间超过16个小时，他每天5点准时起床，晚上12点结束工作，数年如一日。"由此可见，不论个人天分素质如何，只有持续努力才能为成功加码。

从强度维度来看，努力并非"越重越好"，"过度努力"只会让你陷入更大的焦虑中。我曾经参加过为期一个月的封闭式魔鬼学习培训，每天都是高强度的训练：做策划、设计PPT、通宵写材料等等都是家常便饭。到了后期，有一些伙伴坚持不下去了，开始出现了呕吐、心慌等症状，不得不停止学习。因此，根据自身状况制定合理的方案才是持久努力的前提。

当某一天，由于你的生存焦虑而出现的"被动努力"变成了你甘愿持之以恒坚持下去的"主动努力"，那时努力对你来说才会变成一种纯粹的追求，也只有那时，你才能避免被"冒充者综合征"胁迫。

其实，你可以活得更加理直气壮一点儿。

身材焦虑？你可能需要改变几个固有认知

> **你连肥都减不下来，还能做成什么**

夏日将至，身边的人又开始了一年一度的减肥运动。无论是体重未破百的，还是体重超过"标准限额"的，都开始了如火如荼的减肥活动。有靠节食减肥的，有运动减肥的，还有不知道在哪儿得了什么"偏方"，每天在肚子上敷个中药包，说这样一个月之后就能瘦下来。

上个月开始，我们办公室的人开启了集体减肥模式，不仅停了晚饭，还互相约着去健身房跑步。老李还贡献出了自己的Swatch健身手环，每天中午一群人聚在活动室"过关"，折腾了一个月，不仅一斤没瘦，老李还胖了两斤。

"不减了！"老李恼火，一拍桌子当即点了份炸鸡外卖，在炸鸡的勾引下，我们纷纷将减肥搁在了明天，这场轰轰烈烈的减肥活动因此告一段落。

"身材嘛，哪有快乐重要。"老李咬了一口鸡翅，"用20斤体重换一年不能喝奶茶、不能吃火锅、不能撸串儿，你愿意不愿意？反正我是不愿意，这不是让我少活一年么！"

放弃身材的老李吃完打了个饱嗝："人呐，还是要对自己好一点儿。"

在以瘦为美的年代，身材焦虑是年轻人目前普遍存在的心理困扰。

"A4腰""反手摸肚脐""锁骨放硬币"等挑战层出不穷，前段时间"动漫腰挑战"更是引发一阵效仿热潮，最后还是医学专家进行医学科普，说这个动作是"腰椎过伸"不建议大家进行模仿，这才止住了这场活动。

不过，尽管大家对明星们热衷于制造身材焦虑的事颇有微词，可是网友们却也不太宽容。

刚生完宝宝的女明星体重见长，他们在网络上便大肆抨击，称"你连身材都管理不好，凭什么当女明星"。一度，某明星因产后过胖居然还被顶上了热搜，为女性产后抑郁增加了新的理由。

不知何时，连身材都成为评判一个人做事是否能坚持、有毅力的标准了。

前段时间新闻报道了一个老板的发言，称他从不录用体型差的员工。理由便是：一个胖子不具备好员工的品质，因为大多数的胖子都是嘴馋身懒的人，缺乏基本的忍耐力和自控力。

在某次采访中，有人问一位三十多岁的女星"变老和变胖更难接受哪一个"，女星的回答是"变胖"。她给出的理由很简单："因为变老是每个人都控制不了的，可变胖却是对自己的不负责。"

我无意抨击那位明星，但大家在看到这些言论的时候也必须明白，每个人对于胖瘦的定义不同，心理的满足程度不同，对于自己身材的接纳程度也不同。刻意营造"身体要掌握在自己手里，瘦才是自控力强""胖就是对自己不负责"这样的价值观，未免过于草率。

而如今诸多明星的行为和言论，也降低了社会对于肥胖身材的容忍度。

某明星在录制健身视频时对着镜头说："我每天都会高强度健身，以维持身材。我的身材，要靠我自己掌控。"

可是，当身材问题让越来越多的人陷入焦虑，甚至影响了生活之后，我不禁要问一句：究竟是你在掌控你的身体，还是他人的言论在掌控你的身体？

" 我的身体，到底谁做主 "

前些天我和朋友一同逛街，试衣服的时候我发现码数太小，在让导购找大一码的时候，对方满脸歉意："这就是最大码，我们家码数都偏小，不太适合您这样的微胖女孩。"

我被"微胖女孩"四个字"雷"得外焦里嫩，拽着朋友逃出了那个店铺，站在商场的镜子前，我整个人崩溃了："胖？她居然说我胖！"

曾经我是大家眼里标准的"瘦子"，每次节假日回到家，父母都会心疼得让我多吃点肉，总觉得我一个人身处异乡不会照顾自己，受了委屈。而最近两年，我体重疯长。更恐怖的是，我身上的肉都是不知不觉长出来的，倘若不是这个丝毫没有销售技巧的导购，我还沉浸在"我的身材还可以"的梦幻中无法自拔，那一刻，我决定开始减肥。

我设定了一个很夸张的数字，梦想着有朝一日我能重回身材的"巅峰"时刻。然而一个星期过去后，我开始觉得我这次减肥能瘦个十斤左右也不错；半个月过去，我又开始认为瘦成"腿精"也没那么重要；一个月过去，我成功瘦了四斤，我停止了减肥。

"没必要那么为难自己，四斤足够了。"

于是，我找到了新的体重平衡点，再次悦纳了自己。

我的同事老李在刚来公司的时候还是个120斤的清瘦小伙，短短两年过后，他已然变成了170多斤的"小秤砣"。集体减肥的时候老李闹闹哄哄地要加入："最近我老婆说我太胖了，我得瘦回160斤。"

说完他又忍不住感慨了句："你说人奇怪不奇怪，当时大学的时候，我体重基本维持在130斤以内，只要胖了我就去健身房疯狂运动。现在我的体重整天在160斤徘徊，我却丝毫不觉得有什么问题。"

两年间，他将自己的心理平衡点从130斤变成了160斤。其实，多出来的那30斤，是他对自己的宽容，是可以喝奶茶、吃火锅、撸串享受人生的预备分量。

发现了没，实际上身材是一种多方面的心理体验，它构成的维度包括个人主观满意度、自我认知、情感及行为反应以及自我知觉。

换句话说，身材就是"你如何看待你自己"。

在没有外界干扰下，大多数人是可以接纳自己的身材变化的。就像我虽然不知不觉长了20斤肉，但当没有人提醒我时，我一直抱有愉悦的心情，直到被那位导购打破，焦虑才随之产生。

心理学中驱力降低理论（Drive-reducion Theory）告诉我们，人的行为是由生理的"推动力"和认知的"牵引力"构成的。当生理需求增加，心理驱动力也会随之增加，人的行为目标就是降低心理驱动力。比如口渴了喝水，在这里"口渴"就是生理需求，而"喝水"就是你通过行为降低"想喝水"的心理驱动。降低心理驱动力的目标就是为了让身心达到一种平衡的状态。

当你觉得自己胖了，那你就会通过减肥的行动来降低"想减肥"的心理驱动，然而当你成功减少了几斤，或许还未达到你设定的目标，但是心理驱动降低了，你的减肥热情也就降低了。而一旦受到外界刺激，比如他人的语言抨击、同事的刻意对比、周遭的瘦身宣传等，你心中的平衡点就会再次被打破，于是你就会开启新一轮的瘦身计划。

如果这种外界的干扰持续存在，或是你对自己的标准制定得越来越严苛，那么减肥的手段也会越来越极端。比如某明星担心自己走红毯时被别人说胖，于是狠命穿小码裙子，最后竟将腰的肋骨勒断了；某女孩为了减肥疯狂节食，突然晕倒被送往医院急诊；还有人过度服用减肥药，只得去医院洗胃……

身材形象永远都不是孤立发展起来的，它饱受文化、家庭、朋友乃至陌生人的评判影响。克服身材焦虑的唯一方法，就是将身体的主动权放在自己手中。

❝ 瘦不了，也没什么大不了 ❞

个人对形象的态度通常分为两种，一种是对自己身体状况持续满意的正面感受，另一种就是对自己身体状况不满的消极感受。前者不因生活和身体的变化而发生改变，是一种完全能接纳并且欣赏自己身体的状态，抱有这样正面感受的人，往往相信美的多样性，不会轻易被外界声音干扰；后者则对自己的身体状况感到尴尬，总会不自觉和他人比较，极度缺乏自信，并且容易对自己除了身材之外的其余部位，比如鼻子、眼睛、腿等感到不满。

有研究表明，对自己身体持有负面感受的人，往往比正面感受的人面临更高的心理风险。这些人可能有不同程度的焦虑与抑郁倾向、低自尊或是患有社交恐惧症，严重的可能会导致进食障碍等疾病。

如何克服身体焦虑，让自己真正掌握身体的主动权？

首先，爱你自己，才能更加快乐。

我的表姐，160厘米的身高、135斤的体重，这样的身材让她整日被自卑围绕。为了减肥，她花了大价钱报了瘦身班，各种奇怪的方法都尝试了，如愿在两个月之内瘦到116斤，并且荣获了当时瘦身班中的"减肥之星"。然而，减肥越成功，她就越不满足，她继续在减肥的道路上"死磕"，继续节食、去健身房打卡，还在瘦身班中让老师通过"拍打疗法"帮她塑形。可是当她的体重走入100斤时，她的减肥效果停滞了。

"每个人减肥都会有停滞期，这个时候你就要加大力度，突破瓶颈。"

于是在"瘦身顾问"的激励下，她从开始的早中餐正常进食，变成了一天只吃一顿，甚至还三天两头进行"辟谷"。她每天的心情受到体重秤的影响，瘦0.1斤，神采奕奕；胖0.1斤，愁眉苦脸一整天。那时候的她人是瘦了，可精神却也变得极差。某天她突然在健身房昏迷，被送往医院后医生警告她不能再继续减肥了。

三毛在《谈心》中说："一个不欣赏自己的人，是难以快乐的。"

爱自己的身体，既不是让自己变成网络上流行的"A4腰""筷子腿"，也不是变成不良于行的过度肥胖，而是让自己的身体维持在自己能够接受的合理区间，匀称而健康的身体状况是爱自己的先决条件。

不是说不要减肥，而是在爱自己身体每一个部位的基础上，适度健身、适度运动。为了营造所谓的视觉效果搞垮了身体，得不偿失。

其次，改变信念，才能化解焦虑。

在被"判定"为"微胖人群"之后的那段时间，我陷入了疯狂减肥的模式。整日焦虑到只要一天没去健身房，我心理上都会觉得自己胖了两斤；而要是有一天一不留神喝了杯奶茶，那我就会感觉自己一个星期的努力全部付之东流了。并且，我还会很病态地上网看一些明星或模特的照片，然后将她们和自己的粗腿进行比较，进而越来越嫌弃自己。

这样的焦虑很快传递到了身体的生理机制，某天中午我和朋友聚餐，其间我忍不住吃了两块炸薯条和大鸡排，吞咽下去的瞬间我觉得胃部一阵不适，随之而来的就是不断地呕吐。"我不能吃油炸食物"的信号会对个人身体造成如此大的压迫。那时候我才意识到，减肥这件事对我造成的压力比我以为的还要严重。

于是我开始思考，我真的胖吗？

　　此前有无数多人称赞过我的身材匀称，可仅仅由于那位导购的一句"我们的衣服不适合你这种微胖女孩"就让我出现了焦虑，从而质疑自己的身材，这样的信息获取方式显然过于片面。

　　再者说，即便我真的胖，那又怎样？

　　只要我坚持健身，维持好的身体状态，适度饮食，拒绝暴饮暴食带来的胃部压力，那么即便身材微胖对我的生活也不会造成任何影响。

　　那日之后我依旧按照自己的生活节奏去健身房跑步、和朋友聚餐，健康自律的快乐远比自我折磨更让我充满光芒。

　　初中，体育课前我在教室涂抹防晒霜。突然，坐在我前桌的男孩子转过来朝我嬉笑："你不需要防晒，你这么黑涂防晒不是浪费吗？"那时的我因为对方的这句话憋得满脸通红，默默地将防晒霜收了回去。换作如今，倘若再有人跟我说相同的话，我会大声地回他："我愿意，关你什么事！"

　　虽然我不完美，但我就是爱不完美的自己。

3个方法，快速治愈失恋分手的悲伤

上周我的一个朋友打电话给我，跟我说自己失恋了，现在很难过。我觉得有些奇怪，在我印象里，她的上一段恋情还是在半年前，并且彼时分手是她提出来的，原因是异地。

"没错。"在听到我的问题之后，她点了点头，"可是我现在才感觉到痛。"

随即，朋友陷入了极度的悲伤状态中，每天晚上甚至以泪洗面，回想着前男友的好。可尴尬的是，相较于立即分手时的情感爆发，她眼下的悲伤并没法被周围人理解，她甚至都后悔过了这么久没机会再找前男友"求复合"了。

此前我看到有人在分享自己的分手经历时说道："分手是我提的，异地让我们的朋友圈各不相同，渐渐地话题越来越少，相处越来越累。分开的时候我甚至有一种解脱的感觉，那时的我没有悲伤。可是三年过去了，我再也没有谈恋爱，因为我发现没人像他那么好了。"

悲伤延迟是我们在分手之后会出现的一种现象，这种现象多会出现在长期处于异地关系中的情侣。

在分手的当下，由于既定的生活状态并没有被打破，所以我们不会立即感受到分手的悲伤。然而随着时间的流逝，当我们遇到场景重现或物品重现的时候，悲伤的感觉才会隐隐袭来，直到你的大脑神经开始接收到"我分手了"这个信息，悲伤涌入。

相较于异地恋，每天黏在一起的情侣突然分开的痛苦是即时的，一方面它带着某种既定生活模式的改变，另一方面则是情感的剥离。

有人对失恋的情侣做过一个调查，让大家对失恋后觉得最难过的瞬间进行投票，绝大多数的人都选择了晚上。

夜深人静，原本每日互道晚安的情侣突然不再说晚安，你漂浮了一天的情绪从此失去了熟悉的落脚点。于是你夜夜喝酒想将自己灌醉，想要遗忘那种蚀骨的思念，可是却发现，喝得越多，你们之间的经历就越清晰。

当感性将理性吞没的时候，恰恰是我们最难过的时候。

我有朋友因为失恋，暴瘦了十几斤；还有的会变成"视奸怪"，每天去看前男友／前女友各个网络平台上的状态，确认对方目前的生活。

我在网上看到过一个关于失恋的帖子，有人问"你失恋之后会希望你的前任过得幸福吗"，获得最高赞的统统都是"不希望"。大家一边为自己逝去的青春哀悼，另一边却又忍不住想他。一边想他，另一边却又巴不得他过得没那么好。这就是失恋之后的矛盾心态。

我见过很多在分手后有过激行为的人，有的性格大变、游戏人间，有的一蹶不振、放弃人生，这些都是因为分手而出现的行为失控。

治愈失恋的痛苦是一个漫长的过程，从互相埋怨到互相释怀，从情感割离到正常生活，曾经有一位花了三年时间治愈失恋伤痛的女人在某次讲述中说道："我这么多年用光了所有的力气，去抵抗、去咒骂、去怨恨，我恨他一次又一次的出轨，我也恨过去的自己一次又一次的怯懦。他毁了我的人生，也毁了我女儿原本完整的家庭。可是突然有一天我好像走出来了，我开始看到了生活中除了他以外的事物，也看到了我自己。原来这么多年来，我都丢失了自己。"

> ❝ 我迟迟走不出来，这正常吗 ❞

有人将失恋之后的反应细分成了四个阶段。

第一阶段是情绪波动期。个体会出现愤怒、悲伤、怨恨、纠缠或不屑，这个阶段的情绪反应最为强烈。

第二阶段是情绪缓和期。个体慢慢开始接受分手的事实，情绪逐渐稳定，恢复正常的生活节奏后，不习惯感涌来，思念的情绪在这个阶段可能会滋生。

第三个阶段是情绪稳定期。此时个体再次适应了单身的生活，并且在经历了恼怒、怨恨、思念等复杂情绪之后，基本已经可以理性地看待过去的这段感情。

最后一个阶段是格式化时期。个体完全放弃过去，开始追求下一段感情。

这与我身边朋友失恋的经历完全吻合。

在国外留学期间，我的朋友徐莹和一位英国男生谈了两年恋爱。最初，两个人生活甜蜜，他们搬到一起同吃同住，只是这样的日子没有维持多久，最后这段恋情败给了生活习惯上的差异。当她回忆起那段分手的经历，说自己当时仿佛在地狱走了一遭。

"他是我在留学期间的全部，我们住在一起，所有朋友都是同一个圈子的，在他提出分手的时候，我觉得自己的世界崩塌了。那段时间我每天以泪洗面，无法集中精力上课学习，我不懂他为什么能这么狠心地放弃这一切，我开始恨他。"

在这个阶段，徐莹的所有情绪反应是激烈而对立的，她想要冲到对方面前去质问，咒骂、怨恨对方的行为，她恨他的不留余地。在情绪最激烈的那段时间，她甚至决定直接回国，放弃还未取得的学业证书，逃离这个让她伤心的环境。为此，她的家人还特地飞去国外陪伴她、安抚她。

"后来，我逐渐冷静了下来，开始重新思考我们的关系。我想到了他在分手时列举的很多细节，其实我们之间的很多问题都是文化差异导致的。我这个人性格大大咧咧，平时生活不注意，他却是很绅士、很在意细节的人。我开始后悔，想着如果我在恋爱的时候能够多注意一点儿，是不是就不会走到现在这一步。于是，我开始想要通过自己的改变去挽留他。"

个体脆弱的时候很容易向内归因，在自己的身上寻找问题。于是，徐莹期待着通过自己行为的改变能够继续这段感情。

"我试着努力过，可是他依旧没有答应。他永远就是这样，前面遇到了问题选择不说，憋在心里，等到积攒到一定程度再爆发出来时，基本上就是已经心意已决，不留余地。我现在已经彻底从我们两人曾经生活的家里搬了出来，因为在那里我总会回忆起我们一起生活的日子。我试着参加各种活动，试着转移注意力。虽然偶尔在某个时间我仍会想到他，但是总的来说我又慢慢恢复了正常。"

长时间的恋爱以及固定的伴侣会让我们的生活模式固化，分手意味着固有模式的中断。在分手之后，我们最难面对的就是生活方式的调整。当我们找到原有的生活节奏，悲伤的情绪也会有所缓解。

"现在我已经回国，找到了一份还不错的工作，现在回想起我留学时的那段感情，有种恍如隔世的感觉。我现在其实并不恨他，相反我很感谢能够遇到他，能够让我的人生增加一段特别的回忆。"

如这个阶段，我们通常已经走过了失恋的低谷期，将过去的经历看成了人生的旅程，并且能够再次开始新的生活。

分手愈合期的长短因人而异，有的人抽离的时间比较快，而有的人则比较短。

在对个体抽离时间的问题上进行研究后发现，个体安全感的缺乏是导致我们无法从失恋的悲伤中走出来的重要因素。

安全感是我们与他人建立亲密关系的原始信任基础。有足够安全感的人，在关系中不会猜忌、怀疑对方会离开自己，当分开时也不会因对方的离开而出现自我怀疑与自我贬低；而缺乏安全感的人，在分手时更倾向于出现诸如"他离开我，是因为我不够好"或"以后不会再有人爱我"的消极心理。

由此可见，安全感越强的人，越能够较快地从失恋的痛苦中抽离出来。

此外，过去的创伤经历也会影响我们在分手事件发生之后的抽离时间。在这里，创伤经历可能是原生家庭关系，也可能是个人过去的失败恋情。我身边有很多这样的例子，我的好友在离异家庭中长大，年幼时父亲出轨的事件成了他内心一道无法愈合的伤。成年后，她先后谈过两次恋爱，可是都遇人不淑，最后一任男友出轨成了压倒骆驼的最后一根稻草，让她彻底崩溃。婚恋的所有负面经历全部串联起来，她从此一蹶不振，对爱情彻底失望。

如果我们无法摆脱过去失败的阴影，那么在一段关系结束时我们通常需要花费更多的时间劝慰自己"走出来"，而这一次也会再次成为失败的典型事例，加重我们的阴影，让我们在未来的感情中更容易出现怀疑和焦虑的情绪。

" 分手就像感冒，也没什么大不了 "

失恋所带来的痛苦是造成当代年轻人出现心理问题的一个重要原因，很多人都在寻找能够快速度过分手伤痛期以及治愈悲伤的方法。

在这里，我提供几个方法供大家参考。

1.转换看待问题的视角。

我们之所以会长时间感受到分手的悲伤，是因为我们一直过度沉浸在自己的悲伤、痛苦、不舍、愤怒情绪中无法抽离。学会从一段感情中抽离出来，是帮助我们更好地进行自我调适的方法。

抽离于时间之外。当我们跳出当下时间的局限，将时间的进度拉长到整个人生，会发现这件事只是漫长人生长河的一个点，而我们未来的路还很长。我有一位来访者正在饱受失恋的痛，在和我诉说时，我请她先搁置当下的痛苦，去想象未来五年、十年、十五年甚至更长时间之后的生活。或许那时我们已经在事业上取得了新的成绩，组建了完整的家庭，有了爱自己的伴侣和孩子，早就忘记了此时失恋的痛。这些设想或许没办法立即帮她止住悲伤，但是至少可以让她明白，分手并不是我们人生的终点。

抽离于空间之外。有人说，自己分手之后无时无刻不在回忆过去，过去两人走过的公路、住过的房间、看过的电影……过去的经历，都会成为触痛我们悲伤的点，唤起我们对过去的回忆。脱离目前的环境，如果可以进行一趟短途旅行，为自己建构一个新的生活模式，那么便能够帮助我们在短时间内转移注意力，恢复正常的生活。

抽离于个人之外。痛苦发生时，我们更容易站在自己的立场上思考问题，去思考在这段感情中我们是如何的弱势。但是当我们站在更高的位置，以"上帝视角"来观察目前我们的处境时，会发现很多事件与自己原本的想法存在出入。看到问题背后的原因，有利于我们在感情中得到释怀与原谅，最终归于淡然与平静。

2.给悲伤一点时间。

失恋的情绪其实是很复杂的，蕴含着悲伤、愤怒、无奈、思念等，然而很多人在面对这些情绪的时候，会选择压抑自己的负面情绪。去年，我熟识的一对老夫妻因为意外失去了他们的孩子，妻子每日痛不欲生，陷在悲伤情绪中不可自拔，逢人就会诉说自己对孩子的思念。而丈夫则表现得异常冷静，他认为身为一个男人应该继续撑起这个家，不该在外流露出任何悲伤的情绪。

前段时间，身体一向健朗的丈夫突发疾病被送到医院抢救，医生诊断这与他内心长时间积攒的负面情绪有关。

悲伤的情绪是无法通过压抑自愈的，它只能越积越重，直到压垮我们的身体。当情绪来临，我们要留给情绪排解的时间。你越是压抑它、掩埋它，它可能会纠缠你越久。

我遇到过一位四十多岁的先生，因为生活中的种种问题和妻子离异了。作为一个成熟的男人，他不愿意在外表露任何悲伤的情绪，每天正常上下班。可是这看似正常的状态并没有让他的难过得到缓解，忧虑反而一直缠绕着他。终于有一天，他在醉酒之后崩溃大哭，将自己的所有埋怨、委屈、思念彻底抒发出来之后，他感慨"压在心底的那块石头好像被移开了"。

3.坚持独立的自我。

在恋爱时，很多人容易被对方的思绪引导，将自己全部的精力都放在对方身上。这样的状态让我们在恋爱过程中失去了自我，全部依附于对方。当感情破裂后，处于这种恋爱状态的人受到的伤害往往会更深。

坚持自我、保持独立，应该贯穿恋爱的始终，而它的核心内涵就是要让自己从关心对方转移到关心自己。

林琳大学毕业后离开家乡远嫁。丈夫是一家公司的高管，收入颇丰，两人结婚之后，丈夫便让林琳辞掉了工作成了一名全职太太。然而林琳生完孩子刚在家待了一阵子，丈夫就开始嫌弃妻子整日"无所事事"，还说她只会做家务，完全没了当初谈恋爱时的机敏和灵巧，对妻子的感情也逐渐淡漠。孩子两岁的时候，林琳发现了丈夫出轨，这段婚姻以结束告终。

单亲妈妈、没有工作，林琳的生活陡然窘迫起来，然而她没有第一时间想着如何改变目前的情况，而是整日沉溺在愤怒的情绪中无法脱离。她去前夫工作的地方闹事，去她前夫出轨对象的单位闹事，去前夫家堵人，"想要给他们点儿教训瞧瞧"，甚至还集结了社会上的闲散人士动手打人，最后这件事以林琳的被拘留告终。

"我就是不甘心，我不明白自己为了他付出了所有，为什么最终竟落得了这样的下场。但是现在想来，又似乎鬼迷心窍，倘若我真的做了什么让我后悔的事，我的女儿该怎么办，她还那么小，我的生活虽然没有了他，可最终还是要继续的啊。"

保持独立人格，要求我们在恋爱的时候爱对方，但同时也爱自己；尊重对方的意见，但同时也保有自己的人生规划。如果一味听之任之，视对方为自己生命的全部，最后我们终将迷失原本的自己。

同时，保持独立的自我还要求我们在恋情结束的时候能够理性看待自己过去的感情，看到爱情所带来的痛，也看到爱情带来的甜，更加全面地去感受。

当分手时，请别忘记告诉自己，在这段感情里你不是受害者，因为你也曾拥抱过幸福。

曾经，在某次演讲中有人问霍金："某一乐队的成员离开让全球无数少女心碎不已，这件事会产生怎样的宇宙效应呢？"

霍金回答："我建议每个心碎的年轻女孩密切关注理论物理学的研究，因为有朝一日可能会有证据表明多个宇宙的存在。在我们自己的宇宙之外的某处存在另一个不同的宇宙不是不可能。"

而在那个宇宙，一切皆有可能发生。

如果你还在痛苦，不妨仰望星空。

或许在那个宇宙里，我们没有痛苦，没有烦恼，更没有惹人悲伤的"失恋"。

情绪越稳定，人生越丰盈

第四章

Chapter 4

抱怨，也有正确的姿势

> 66 我每天这么辛苦，怎么连抱怨都不行了 99

我身边有个特别爱抱怨的朋友，前段时间几个朋友一起去旅行，出去的第一天，他就开启了抱怨模式。飞机晚点、民宿环境差、小吃口味偏甜、交通不便利、景点人太多，任何一点都能成为他抱怨的理由，最后订民宿的朋友不开心、制定线路的朋友不开心、大家都不开心。

旅行结束大家私下纷纷表示，以后再也不和这个人出来玩了。

前些天我在豆瓣小组看到了一条抱怨帖，那位发帖者是位刚入职的"90后"，核心内容是抱怨职场中的种种现象。老板决策的没头脑、同事的溜须拍马、食堂的饭菜难吃、工作的无趣，一条条全部罗列出来。这一条帖子引起了大家的共鸣，获得了无比多的跟帖。

我注意到其中有一个回复：建议楼主还是尽快适应工作的节奏，无意义的抱怨也无法改变你的生活。

这一善意的发言却遭到了一群匿名网友铺天盖地的嘲讽："这是什么'爹味'发言，现在的螺丝钉连抱怨的权力都没有了吗？"

于是，当抱怨的人遇到为自己"站台"的人，愈发肆无忌惮起来。从抱怨工作到抱怨生活，就像一台高速运转的喷射机，不停地向周边的人开炮。帖子越摞越高，就像一个巨大的气球，里面装满了负能量，沉甸甸的濒临爆炸。我匆匆浏览了一下他的发言，里面充斥着对他人的责备与自己的委屈，仿佛全世界都在与他为敌。

这样的抱怨，实则为"无效抱怨"。抱怨者并不期待着问题得到解决，他的抱怨只是想抒发某种情绪，寻求周边人的认同，将自己包装成可怜人的角色，占领道德的制高点。

与"我看全世界都不顺眼"相比，还有一种抱怨是"貌似抱怨，不是抱怨"。

你说毕业难、论文修改了许多遍还过不了时，他回你"我也好烦，我的论文同时被三家核心期刊征录，实在不知道给哪家好"；你说单身苦、男朋友怎么也找不着时，她说"单身多好啊，我男朋友每天粘着我，简直烦死了"；你说工资低、每天无所事事耗费生命，他说"你以为高工资好赚吗？我宁愿找个工资低的工作耗着"。有些人的抱怨，天生就是为了给别人添堵的。

我身边有个爱抱怨的作者，她生活在意大利，每天花式向我们抱怨生活。诸如自己回了国内，发现自己的鼻腔变得好脆弱，呼吸不了国内的空气；男朋友老是乱花钱给她买东西，家里的礼物都要摆不下了；今天又写了几万字的稿子，感觉每天被写稿耽误的都没有自己的生活了。前些天我们终于受不了她那富贵的抱怨，默默地将她移出了群聊，然后我们都长舒一口气："现在终于是我们平凡人的世界了。"

这样的"抱怨者"真的心烦吗？或许他们说的是真实的感受，但是他们的目的确实是希望让别人更能注意到自己的生活，通过别人或肯定或羡慕的反应，确认自己过得比他人好的事实。

还有一种抱怨，是漫无目的的抱怨。没有具体原因，只是单纯的"丧"。

打开微信聊天记录，检索"烦"这个词，相信很多人会在自己与朋友们的聊天记录中检索出近百条有关"烦"的聊天记录。"我好烦啊"已经成为年轻人打招呼的方式。

之前我们公司曾来过一个实习的小伙子，他常年无精打采，一到位置上就唉声叹气，给他分配工作，他的脸能垮一天，会不停地喊"我好烦啊""我好困啊""生活好难啊"等等，结果，"丧情绪"逐渐出现人传人现象，整个办公室的气氛越来越阴郁，一个月之后我们老板赶忙将人送走，压抑的气氛才得到纾解。

" 抱怨者，你们究竟在抱怨什么 "

　　有人将这种仿佛对任何事情都不满意的人，称为"惯性抱怨者"。这些人可能没遭遇什么痛苦的事，但就是认为这个世界很糟糕。这些人普遍都知道，抱怨无法解决问题，可是他们却不想停止抱怨，仿佛只有这样才能让他们感到痛快。有学者针对抱怨者们专门进行过研究，总结出他们身上的几项特质。

　　其一，普遍具有某些自恋情结，他们认为自己是特殊的。有新来的同事跟我抱怨自己每天做了很多的杂事，认为领导每天过得像毫无自理能力的人，沏茶泡水、会议安排、发言书写全都要仰赖着他，而对方仿佛还不领情，认为他做得不够全面。我劝慰他工作分工不同，领导以决策为主，而他所做的就是助理的工作，很多人都是从助理阶段过来的。可是他却认为自己被大材小用，以自己的才干不应该被如此对待。因为认为自己与其他人不一样，所以他每日怨天尤人，抱怨连连。这样的自恋心理，让这类人无法甘于平凡，他们总是认为只有自己才是正确的。而随抱怨而来的就是无理的指责："为什么我说了这么多遍你还是干不好""为什么你竟是这样的人"……他们希望一切可以如他所愿，当对方违反了他的意志，愤怒便会油然而生。

　　其二，普遍自尊心较强，更加害怕失败。惯性抱怨者的特点在于他们不满意现状，但是又害怕改变。日常生活中，周边人经常会向我抱怨工作。我的某位小姐妹曾经一度将工作抱怨到"飞起"，每天打开微信就能看到她给我发的信息："一大早起来就又要上班，真的心烦。"而工作中的细微小事也能成为引爆她神经的点，稍有不顺心，她整个人就烦躁值爆棚，然后打开跟我的微信聊天框向我一顿狂吐槽。我劝她离职，可她却迟迟没有行动："我离职了干吗去呢？我现在被内耗的哪儿都去不了，这糟心的生活！"这类人从不会直面惨淡，于是大量的时间用在抱怨上——因为抱怨是最低成本的反抗，即便它没有一点儿效果。

其三，普遍存在悲观心态，认为这个世界不会好了。我曾去过乡村做过短暂的支教，发现那些大山里的孩子家境贫困到一个月都难洗一次澡，馍馍泡水就是一天的伙食，上一趟学要翻越大半个山头，物质资源困乏到了极点。可是让我感到意外的，就是他们很快乐，他们并不觉得生活是毫无指望的，且从来没有抱怨过现在的生活。而那些惯性抱怨者，他们并没有经历过如此恶劣的生活环境。后来，当一个人向我抱怨自己微薄的工资难以维系她高昂的生活开销时，我将支教的经历与她分享，她却跟我说："你看吧，这个世界上的穷人真惨。我马上也要沦落到这样的境地了，我们只是生活在不同地区的穷人。"而后，继续是铺天盖地的抱怨。

抱怨者的心态是，只要我认定了我很惨，那么即便对方给我举一百个例子，也无法改变我认为自己很惨的信念。他们甚至不想获得安慰，只是单纯的想让周围人感到疲惫。

❝ 抱怨，也得掌握正确姿势 ❞

不可否认，人只要活着就会有需求。当我们的需求无法得到满足时，就会出现失望的情绪，抱怨在这个时候就会产生。大多数抱怨都是无用的，可是，诚如一部分人所说，抱怨对抒发负面情绪有着积极的作用。心理学家弗洛伊德曾说："没有表达的情绪永远不会消亡，他们只是被活埋，并且将来会以更加丑陋的形式涌现出来。"负面情绪的积压是造成心理问题的主要原因，最好的方式是，当我们出现负面情绪，就让它顺势发泄出来。

这似乎就出现了一个矛盾，我们都不喜欢听人抱怨，可是抱怨又是我们情绪的必需品，那么就需要我们把握抱怨的尺度。如果你对生活感受到不满，在你想要找人抱怨的时候，不妨采纳下面的建议。

1.变"惯性抱怨"为"工具抱怨"。

"惯性抱怨者"会将自己看作受害者，单纯的发泄心中的不满情绪，不想改变现实。但是"工具抱怨者"明确知道让自己感到愤怒的具体事件，并且希望得到改变。比如，当惯性抱怨者说："我的同事小A好烦啊，那个人真是讨厌！"工具性抱怨者可能会直接对小A说："你在办公室讲话可以轻声一些吗？你这样容易打乱我的思路。"

我的老板是工具性抱怨者的翘楚。我从未听过我老板在背后议论过别人或是抱怨过工作，但是他的工作是一帆风顺的吗？显然不。只是他知道，再多的抱怨也无法变成生产力，而他所积攒的不满全部都会在会议中分门别类地讲出来。

2.抱怨前事先预设自己想要的结果。

当你向他人抱怨时，最先确认自己希望得到的结果。如果你只是为了发泄情绪的话，那么适当控制情绪，站在对方的立场上考虑对方听到你抱怨时的感受。倘若你意识到自己的不良情绪会影响到对方，那么及时止住，不要让抱怨影响你们的关系。而当你想要通过抱怨让某一件事获得改变时，那就去行动，对老板的决策不满就去找到老板虚心请教，对同事不满就去和同事沟通，对工作不满就寻找新的工作，这个世界上没有什么是你不满却不能改变的，只要你有足够的信念。

3.学会换位思考，试着看到别人的优点。

很多的抱怨，都源于双方立场不一致。每个人的成长背景不同，思想认知也有差异，我们无法要求所有人都跟我们有共同的价值观。当遇到与我们认知不一样的事与人时，请尽量接纳别人的思想，哪怕是不完美的一面。当我们抱怨老师留了过多的作业时，没看到她为了一堂课付出的辛苦；当我们抱怨领导什么都不懂还指手画脚时，没看到他签下的一个又一个合约。每个人都有优点，我们的抱怨却只是盯在了别人的缺点之上，并误以为那就是全部，这才是我们最大的错误。

我身边那位特别爱抱怨的朋友找我，问我周末有没有时间，说想去武汉玩两天。鉴于之前我们共同出行时的不快乐经历，我拒绝了。他向我抱怨："你们最近都好忙啊，我喊谁都没时间，就我一个大闲人。"我觉得心虚又抱歉，真想要告诉他，不是我们太忙，是我们不想在闲的时候还要应付他连篇的抱怨。

　　没有谁愿意成为谁永远的"垃圾桶"，在复杂的世界中，我们每个人都在负重前行，不是只有你一个人才感觉到疲惫。

停止自我否定，学会接纳自己

> ❝ 自我贬低，就是对自己的PUA ❞

我有个万事都要请示我的下属，大到决策制定，小到图钉采买，全部都要我点头同意之后才放心去做。有一次我不胜其扰，跟她说这点小事由她自己决定就行，她却摇头不肯，生怕自己做错了决定会让我不满意。

公司年会，我和这个姑娘出去买衣服，过程中她仍沿袭了工作中的办事风格，接连询问我自己的衣服搭配是否好看。

"我品味太差，我的衣服都是我妈给我买好的，每天的穿搭也必须要给她看一下。"

"谁跟你说你品位差的？"

"大家都这样觉得啊，只要是我买的衣服，所有人都觉得很土。像我这样的人只能勤勤恳恳地依照领导的指示做事，而我自己成为不了领导，从买衣服这件事就能看出来。"

我试图跟她聊过几次，可是对于自己的贬低已经变成了她的常态，我的工作性质有些特殊，需要更具担当的下属，于是便将她调到了其他部门工作。后来她的新上司找到我跟我谈起了这个姑娘，也是满脸的无奈："我知道她其实也很努力，也想要将工作做好。只是她负面信念太强，她已经不相信自己有能力做好工作了。"

这个姑娘不知道的是，因为她的自我否定，让她错过了一次又一次被提拔的机会。

在从事心理咨询工作的时候，一位即将毕业的大学生找到我，跟我说自己最近很"丧"。

"我申请了保研，到了最后一轮被刷下来了，后来接连面试了几家公司，也都没面试上。最近我身体状况越来越差，情绪也越来越不稳定，我患有焦虑症的事情也不敢告诉父母，我总觉得自己太差，对不起他们。"

这样的想法让他开始产生自我厌恶的情绪，觉得自己一无是处。

最后他问我："我不知道哪个环节出了错，明明我小时候是父母的骄傲，可是为什么现在我的人生变成了这样？"

可是实际上，他还是他，只是他对自己的要求变高了。

我遇到过太多对自己有不满情绪的人，他们有的觉得自己不会讲话，有的认为自己什么都做不好，他们的关注点就像放大器，只能看到自己"不尽如人意"的地方。

前些天朋友要外出参加一场活动，聊天中她对我说："我不想去社交，我觉得自己好丑。"

我反复对她说她长得很美，并且向她保证参加活动的人当中不会有那么多人能在颜值上战胜她。

可是她却跟我说："不，只要我认为有一个人长得比我好看，那就足以'杀死'我。"

虽然是句玩笑话，却暴露了我们当代人看问题的普遍视角，在照镜子的时候，我们最先看到的往往不是我们健康的皮肤，而是突然冒出的青春痘。因为，我们已经越来越习惯于盯着自己的缺点看。

纵观与来访者交流的经验，我已经很难再看见充满自信的选择坚定者，大多数人都在为弥补自己的不足而努力着。

盯着自己外貌缺陷不放的人，开始痴迷整容；认为自己一无是处的人，逐渐放弃人生；每天都说自己"不会讲话"的人，日渐封闭自己，不再社交。当有人想要让他们振作起来的时候，他们会说："我就是很差，我活该这样。"

"PUA"是目前被广泛讨论的流行语，是指通过各种语言技巧否定一个人、摧毁对方的自信心，从而实现情感控制。我们日夜都在提防他人对自己"PUA"，可是最后发现，摧毁自己的人竟是我们自己。

❝ 我得了一种不喜欢自己的病 ❞

很多人穷尽一生，都是为了和自卑、焦虑抗争，想要证明"我不是这样"。但似乎不管我们怎么做，都无法变成理想的模样。

很多人都觉得，不喜欢自己是"差生们"才有的表现，实则不然，很多"成功人士"也同样被这样的情绪困扰着。

和我一位关系颇好的"大神"作者就有非常强烈的自我怀疑外加情绪焦虑，她每天唉声叹气，说自己写的内容简直就是垃圾，没人喜欢看。

身边的人吐槽她是在炫耀，认为一个靠写作就能达到月收入六位数的人，不配讲出这样的话。可是我曾亲眼看着她对着电脑崩溃，将自己写了几十万字的稿子全部删掉重写，然后疯狂询问我的意见，希望能够透过我的肯定给予她哪怕一点点的认同。

纵然在我看来，我和她之间的差距极大，甚至不够资格成为她的"点评人"，但这依然不能消灭她内心的惶恐。

为了帮她恢复自信，我开始和她进行简单的谈话，试图找到她对自己发出负面评价的原因。

在整个对话过程中，我发现她总是有无数个理由驳斥我对她的称赞。我将这些驳斥的语言进行了归类，大体可以看到她"自我批评"的两个惯用手法，我将其称之为自我批评者拥有的两种惯用思维范式。

思维范式一：习惯用过去失败的经历分析现在的事件。

"之前我就是这样写的，被编辑反复退稿修改，这就说明了我真的有问题！"

又或是："上一本你都不知道我的数据'扑'成啥样了，我写的东西压根儿就没人看。"

纵然我向她解释这两次事件发生的背景完全不同，却也无法抵消她心里的彷徨不安。

有学者将这种不断回忆自己的负面经历，从而以此进行自我批评的想法，称之为"反刍"。

它具有两大特点。

一是出现的无意识性。它的出现是不受人的意志转移的，当你满怀期待地开始一项工作时，过去的失败经验会突然闯入，给你强烈的心理暗示：你这次也不会成功。

二是结果的失败性。当反刍发生时，我们回忆起来的往往都是有关于痛苦、失败、丢脸的场景，过程中解决问题的方法或是其余过程性愉悦的经验，往往不在我们的回忆范畴。美国心理学家苏珊·诺伦·霍克西玛认为，习惯性反刍会诱发抑郁。这种负面思维，会让我们觉得自己是个彻头彻尾的失败者。

思维范式二：习惯用别人的优点与自己的缺点进行对比。

"跟我一起同时写文的某某，'粉丝'都已经几十万，版权都卖出去七八本了。"

"我才几十万稿费，你看某某一个月就能突破百万，我怎么这么无能？！"

和他人的比较，会减损个人在取得成绩时的欣喜感，这种心理被称之为"比较落差"。

这不仅是"大佬的困惑"，这种思维范式从我们记事起就一直陪伴着我们。形成这种思维的原因，和我们从小受到的教育有关。

我小侄子上学期的期末考试考了班级第三名，原本是一件值得庆祝的喜事，可是当小侄子开开心心回到家，面对的却是我嫂子疾风骤雨般的比较。

"考了第一名的就是你的同桌，你怎么不跟人家多学学呢？"

然后，我就看到我小侄子上扬的嘴角一点点垮掉。

每一次对个人成就产生的满足感和喜悦感，都会从一次次被比较中消减，最后吞没我们的自我肯定。而我那位"大神"写作朋友陷入的自我否定泥沼，恰恰就是我们很多时候会遇到的心理病。这种病，被称之为"我不喜欢自己"。

前些天我在网上看到有平台发起了一个"欣赏自己"的活动，每个人都匿名在这个帖子下面说出一条喜欢自己的理由。

有一个天生右眼肌无力的女孩子说，她因为右眼皮抬不起来而经常遭到周围人的嘲笑，可是她却认为这就是自己与众不同的标志，觉得自己这样"很酷"。还有一位服装穿搭博主，称自己因为身材肥胖从小被人起各种难听的绰号，可是她坚持美是多元的，现在自称为"胖子界的玛丽莲·梦露"。

在那个帖子里，我看到了大家对生命本身的尊重。

❝ 放过自己，才能喜欢自己 ❞

很多时候，我们并不是不喜欢自己，而是我们不知道如何跟自己共处。

对自己怀有过高的期待，让我们每天活得像个不知疲倦的机器。有的人因为自己的"一无是处"而变得"垂头丧气"，有的人因为自己的不够优秀而忙于奔波，我们好像永远不会"放自己一马"。

无法与自己共处，也可以用防卫机制的概念进行解释。

防卫机制，是指个体为了保护自我的整体性不受威胁，从而引发出来的潜意识自我防御功能。目的就是为了逃避精神上的痛苦、焦虑、罪恶感，它大多时候是以无意识的形式出现的。

按照分类划分，它包括诸如压抑、否定等逃避型防卫机制，或是合理化、反向等自我欺骗性防卫机制，转移、投射等攻击性防卫机制，幻想、补偿等替代性防卫机制以及认同、升华等建设性防卫机制。

生活中我们会经常听到有人在事情还没开始之前，疯狂表态"我真的不行""这件事我做不来"。最后的结果如果是失败，对方就会顺势说道："你看吧，我早就说过我不行。"仿佛这样失败就变成了一种"理所应当"的结果。

我们不停为失败找的借口，就是我们的一种"防卫机制"。

正向的防卫机制，有利于我们缓解焦虑，进行积极的心理暗示。但如果防卫过头，就会出现两种极端情绪：一是逐渐变得怯懦、日常自我怀疑，甚至逃避；二是开始过分严格要求自己。

关于如何突破防卫机制的负面心理暗示，有几条建议可以供大家参考。

1.建立正向反馈机制。

如果我们将负面心理反馈的过程进行分解，会形成"我不行—不愿面对—退缩—失败—强化判断—我不行"的恶性循环。

正向的反馈机制，是打破循环的关键。

所谓正向反馈机制，就是看到自己的不同可能性，寻找"例外条件"。

上学时我的同桌是一个"英语白痴"，这个称呼不是我为她"冠名"的，是她自封的。

她偏科严重，其余学科几乎能够满分，唯独英语一塌糊涂。说她不精通语言类的东西吧，偏偏她的语文成绩又出类拔萃。

当年，所有的老师都在担心她的偏科问题，她报的英语辅导班也不计其数，可就是不见成效。

我发现，她仿佛对英语有天然的抵触。

后来她告诉我，小学时，她的一个英语很好的同学A在某次上课的时候公开嘲讽了她的英语口音，从那以后，她逐渐变得不愿意开口说英语，也不愿意再上英语课。之后她的英语成绩一直不理想，同学A以此为证据，更肆无忌惮地批评她没有语言天赋，久而久之她也认同了这种说法。于是，她对英语的抵触越来越强。

其实，多想想诸如："我有没有什么时候曾经在英语方面取得了成功？""有没有哪一次同一道英语题，别人做错了而我做对了？"这些都是打破循环的"例外条件"。

在自己负面情绪爆发、给自己盲目下定义之前，可以先在纸上记录自己的成功经历，或是几件自认为做的还不错的事件，形成正向的心理反馈。

2.为自己创造安全感。

接纳自己，与我们自己的自信感有关。

有人将自信这件事分成"有条件"和"无条件"两种情况。"有条件"的自信是指一个人必须要受到某种激励，才能相信自己可以成功；而"无条件"的自信，就是我们时下经常喜欢说的"普信"，它不需要外部条件的鼓励，个人无论在什么情况下都相信自己可以成功。它背后隐藏的含义是：我是有价值的，即便我在某一个事项上发生了失败，但我仍旧不怀疑我存在的价值。

这个层面的自信，需要靠我们为自己营造的安全感实现。

这种安全感的营造，与我们的成长经历有关。

成长期受到鼓励多的人，往往会比那些一直受到责骂的人在成年之后拥有更多自信，这源自内心深处塑造起来的安全感。当然，我们无法改变过去的经历，但却可以尝试听到外界评价之后，学会进行问题区分。

比如，当我们的衣服被嘲讽太丑时，我们的第一个想法可能是"是不是我真的没有品位"，然而当我们进行问题区分，就能够分辨出这句话的背后其实带有对方浓厚的个人主观色彩。在这种情况下，我们看待问题的视角就转变为了"这件衣服的款式与对方的品位相悖"。在这样的问题视角下，当我们受到批评或遭遇失败时，就能够分辨出并意识到自己的价值与问题本身是独立存在的，久而久之，我们就会为自己的信心加上一层"保护层"，逐渐实现从"有条件的自信"向"无条件的自信"转变。

3.放弃也是一种选择。

我的邻居连续考了四年的公务员，进入面试程序两次，都遗憾被淘汰。

他很认真，我曾看过他的练习册，每一道题都认认真真地进行了批注，他对我说，在考公期间自己承担了很大的心理和精神压力，四年的全脱产复习也给他的家庭带来了一定程度的经济负担。

我问他为什么不放弃，他说，如果选择放弃，那他过去所有的努力全都白费了，他舍不得。

后来，功夫不负有心人，在他31岁这年，他终于"上岸"（即考取成功）了。只是我再见到他，发现他整个人变化极大，完全没有了最初的朝气，而在考公的这四年，他的生活是完全处于停摆状态。

我妈时常拿这个邻居的经历激励我，告诉我"世上无难事，只要不放弃"。可是，四年的青春、期间父母的劳心劳力以及他的焦虑不安，就为了换取他的一个执念，我不禁思考这是否值得？

有时候我们的痛苦，恰恰源自我们的不放弃。

研究生毕业的最后一年，我逐渐出现了抑郁倾向，原因是我觉得生活将我压得"喘不过气来"。一边想要高质量完成的论文，一边想要找到心仪的工作，另一边还想要在文字创作上有所作为。哪个都想要，于是自己越来越焦虑，开始整夜整夜地失眠，精神逐渐变得恍惚。

不放弃固然是一种良好的人生姿态，但有时候我们的心理问题恰恰就是来自我们的不放弃。我更希望所有人明白，人生的路并非只有一条，当你放弃一件事情的时候，或许就会迎来更加开阔的选择。

最近这段时间，我正在重新考虑自己的职业生涯规划。当我父母听到我有辞职念头的时候，都吓坏了，轮流打电话劝我不要辞职。说法千篇一律："你年纪也不小了，马上面临结婚生娃儿，这个时间辞职，还能去哪里找到现在这么好的工作？"他们还劝我："世界上所有的工作都是一样辛苦，你辞了这里，到了其他地方也都一样。"我告诉他们："这个世界上永远没有非此即彼的关系。我拒绝了这个工作，并不意味着我只能失业。因为我并不相信，我的人生只有'必须要在这家公司做到底'的单行道。"

当我们的生活已经超负荷运转，放自己一马，其实也是一种自信的表现。

合理控制欲望，提升你的财务幸福感

> ❝ 财务自由不是一个词，而是两个词 ❞

我发现我周围的人似乎都挺穷，不管是年薪六万还是年薪六十万，日常都在哭穷。有一天我实在忍不住，问了一位年薪百万的朋友："你摸着良心告诉我，你真的穷吗？""我怎么不穷啊？你看我连套房都买不起，连最基本的财务自由都没实现！"我疑惑："可你不是有房吗？"他铿锵回答："但那只是一套啊。"

我想，如果按照这样的标准，想买房就买房，想买几套就买几套的话，那我此生可能都与"财务自由"无缘了。

人的欲望是随着时间的推移不断递增的。小时候的我们觉得有一天能自己买包辣条就已经很了不起，可是当我们拥有了辣条，又开始对玩具产生了兴趣，再到后来无止境的奢侈品、豪车、别墅、私人飞机……可以说，欲望本身永远不能被满足。

由于工作原因我结识了一位女企业家，她年过四旬、资产无数，是大家眼中标准的女强人。我问起她对财务自由的看法，她对我说："财务自由不是一个词，而是两个词。它谈的，是你对'财务'和'自由'的理解。"

"我和我爱人都是跑业务出身，年轻时为了在这座城市扎根，拼命赚钱，以为薪资高了生活就会变好。可是当我们实现了某种生活方式时，就开始追求更高的生活方式，忙碌也逐渐变成了一种习惯。"企业家顿了顿，继续说道，"后来，豪华的房子变成了'临时宿舍'，忙起来的时候，我和我先生一两个月都碰不到面。通常情况下，财富和位置都是对等的，当你身处某一位置，身上便会肩负相应的责任，很多事便开始身不由己起来。当有一天我发现我儿子已经和我一样高了时，我才惊觉，自己分给家人的陪伴时间太少了。"

"钱这个东西是赚不完的，所以当你在追求财务自由之前，不如先问问自己，你想要的财富究竟是多少？你追求的自由又是什么？"

❝ 谁说财务自由等于一劳永逸 ❞

当我还在念书的时候，班上绝大多数人都想进企业，原因很简单：钱多。结果等到毕业，信誓旦旦要去赚钱的那一群人大多开始闷头考公务员，原因也很简单：稳定。

大概是因为学的文科的缘故，我们班上的同学几乎都进了体制内，他们时不时地就会向我抱怨工资过低："你知道吗？我的穷，是稳定可持续的穷，它不会因为我的身份转变发生改变。"

然而当我建议对方辞职时，对方却又摇头："现在就业大环境好像并不乐观，不少企业都倒闭了，能去哪里找到赚钱的工作！而且听说在企业里上班都很忙——我还得留出时间回家奶孩子呢！"

由于既割舍不掉对财富的渴望，又割舍不掉对自由的执着，于是我的这些同学联合起来组建了一支"互助小分队"，邀请了一些经商的校友，共同研究基金、股票。

2019 年年底的时候，小分队群里的成员发现了一支"潜力股"，大家信心十足地购买了，最开始确实一路飙升，群内一片欣欣向荣，大家纷纷畅想未来的美好生活。然而才过了三个月，疫情肆虐，美股更是几次熔断，大家微薄的存款被套牢，群里又变成了一片暮气沉沉、长吁短叹的景象。

群里的一个商业"大佬"跟大家说："等等吧，疫情结束资金会回流的。"结果不少人捂着钱包摇头："不行不行，跟你比不了，我们就这么点儿钱，禁不起折腾。"于是大部分人"割肉"退市，并发誓再也不碰基金、股票。而群里原本就很有钱的商业"大佬"呢，他们依旧很有钱。这不光是因为他们原本就"实力雄厚"，更是因为他们深刻了解并遵循着"高回报、高风险"

的游戏条款，早在买入前就已经评估过失败的损失，因此心中有底。

安于现状？实在不甘心；孤注一掷？又缺乏勇气。因此你看吧，要实现所谓的财务自由也是有条件的。想要财务自由，就得先能承担得起财务不自由时带来的风险。

> ❝ 心自由了，思想就自由了，财务便自由了 ❞

彭姐是我们公司的会计，也是公认的手工达人，她的朋友圈内容都是自己烹饪的各种美食，甜点的卖相和口感"秒杀"一众蛋糕店。不仅如此，彭姐自己设计的玩偶也异常精致，手工缝制的衣服往往是女儿一套、玩偶一套，极其可爱。

我感叹："我要是有你这样的手艺就自己开店，美食、烘焙、服装、玩偶还有花艺，哪个拎出来不比按点上班赚死工资挣钱多？彭姐，你想想那时候你得多自由啊。"

彭姐却不以为然："我现在就挺自由的。我的爱好都不费钱，我现在每月到手的工资除了吃饭，余下的还能买一些布头和花花草草。我每天下班后边做手工边看着我女儿做作业，这不比每天操心店里的营业额来得舒坦吗？"

有一份安稳的工作、一段幸福的婚姻、一个甜美的女儿，还有几个拿手的爱好。这就是彭姐对生活的全部追求，也是她渴求的自由。在她的世界里，物质反而变得没有那么重要了。

说到底，财务自由本身没有明确的界定，它可以立刻实现，也可以永远都无法实现。

我没有一夜暴富的方法，但或许可以提供几条提升财务幸福感的方法。

第一，坚持记账，量入为出。

信用卡、花呗、京东白条等新型消费形式的出现，让很多人产生了一种"我很有钱""我不缺钱"的错觉。而购物直播、网红带货，更是让"剁手党"们越来越无法控制自己。可是，购物的兴奋是暂时的，消费透支后面临的财务焦虑却是持续的。因此，保持良好、理性的购物习惯，量入为出地消费，这才是获得满足感的前提。

第二，学会理财，慎重投资。

培养定时储蓄的习惯，如果可以，就用其学习简单的理财，提升自己对金钱的敏感度。但如果你不能承担亏损的风险，那就请慎重购买股票、基金类产品，因为回报与风险永远是并存的。

第三，享受当下，拒绝攀比。

大多数的不满是从攀比开始的，我曾见过一位家庭条件一般的女生，因为和舍友攀比名牌服饰而步步堕落。要记住，决定自己人生价值的永远不是商标，而是内心的自由。

有段时间美国车厘子盛行，微博上人人都在喊着要实现"车厘子自由"，就连我的小侄子每天都闹着要吃车厘子。诚然，车厘子很好吃，但你是否有想过，你对它的渴望可能仅仅是因为你无法每天都拥有它。当有一天你真的实现车厘子自由时，那么车厘子便与苹果、梨没什么两样了。

金钱没有尽头，欲望没有止境，但是人生不能没有底线。放平心态，你会过上丰盈的生活。

破除年龄界限，找到自己的人生时区

> ❝ 我们被'什么年龄做什么事'骗得有多惨 ❞

网络上某位55岁的网友发了一组照片，画面中的她衣着性感，妆容浓艳，身材完美到连年轻女生都自愧不如，完全没有年老的样子。然而，她的这一行为引发了网络上的热烈讨论。有的人认为她"为老不尊"，都年逾半百了还拍这样的照片；还有的人觉得她都已经那么大年纪了，居然还能保持那样的好身材，实属不易。

我家里的长辈在谈到有关她的新闻时，连连摇头："都什么年纪了，还搞这些东西博眼球！"

为老不尊、博人眼球，她获得这样评价的原因很简单，因为她已经严重"挑衅"大多数人对于"什么年龄做什么事"这句话的"信仰"：55岁就应该像很多母亲一样，白天在家带孙子孙女，晚上去跳广场舞。

我赴台湾地区念心理学期间，我是同届中年龄最小的学生。班级平均年龄42岁，年龄最大的阿姨已经55岁，据说她和另一位53岁的叔叔都是连续申请了4年才获得了入学资格。

不单年龄构成参差，就连他们的学历背景都千差万别。他们中有牧师、教父，有医生、老师，也有高管、老板。整个年级20余名学生中，甚至只有我一个人是本科毕业后继续攻读硕士学位的，其余的全部都是有着多年工作经验的前辈。

我的导师告诉我："心理学是一个很特别的学科，它需要一定的阅历沉淀，所以我们的心理所鲜少接收应届毕业生。"

我对这些"同学们"为什么会选择在这样的年龄继续读书，抱有很大的好奇心。

某次上课，我认识了同学院攻读博士学位的师姐，她的儿子刚刚上大学，她就毅然辞职开始攻读博士。

聊天时她告诉我，她之前是在大学做行政老师。之所以选择辞掉工作读书，就是觉得一成不变的生活过了十几年，觉得很没意思。

"我就跟全天下所有的母亲一样，除了工作就是收拾房间、围着灶台转，每天伺候儿子和老公，没有自己的休息时间。我本、硕读的都是心理学，可是自从结婚以后，我好像荒废了自己的专业。儿子高中毕业不需要我管了以后，我就跟我老公商量想要继续进学校念书，可是他哪里会同意。我没管他，就自己开始递交论文、申请大学,等到一切都做完了,我拿着录取通知书告诉他我要去念书,如果不让我去,那就离婚。他不想离婚,我就来了。"

晚上我和母亲视频聊天,我和她说了这件事,问她有没有什么梦想要追求,她跟我说:"都一把年纪了还上什么学,我这辈子就这样了。什么年纪干什么年纪的事,你现在的年纪就是赶紧把书念完然后结婚生个宝宝,我再奋斗两年退休也好给你带孩子。"

因为"什么年纪干什么年纪的事"这个观念,我的母亲已经不再有属于自己的梦想。

在年龄问题上,女性似乎有着比男性更加分明的界限感。我所接触到的30岁左右的单身女性,她们有心理困扰的大部分原因均是婚恋焦虑。仿佛女人一旦迈入30岁的门槛还没有男朋友,就会被冠以"剩女"的标签,成为全家批判的对象。

最近我频频听到周边朋友们传来"闪婚"消息,上个月还在和我大喊"单身万岁"的女孩Zoe突然就领证了,她和我说:"相亲认识的,总归是要结婚的,这个目前看起来还不错,就凑合了。"

Zoe曾是我眼中的"潮流女孩",学艺术出身的她在上海做设计师,闲暇时会在家画些漫画,对待生活的态度洒脱自由。此前也有人给她介绍过男朋友,都被她以各种理由推拒了。"我觉得自己挺快乐的,为什么非要让另外一个人干预我的生活。"

然而就是这样的一个女孩,却突然"闪婚"了。

当前的很多女性，她们拼命想甩掉身上的标签，立志成为单身独立女性，可是家庭传统观念却又在拼命拉扯着她们，她们承受着家人的不理解与心理上的巨大压力。

Zoe和我说："我们那边地方小，街坊四邻每次见到我妈都要拿我的感情状况说事儿，背后议论我，说我是有什么问题才一把年纪了连对象都没有。我妈每次给我打电话都掉眼泪，说我已经三十多岁了，再不找对象就一辈子都找不着了，她担心以后她和我爸走了没人照顾我。道理讲不通，我就想着，算了，结就结吧。"

于是，她接受了相亲，并且和相亲对象火速见了家长，领了结婚证。

可是，"什么年纪干什么年纪的事"告诉我们的，不仅是到了适婚年龄就结婚，还有到了年龄就要怀孕生娃儿，还有要相夫教子，还有不能再穿卡通T恤、不能再穿可爱的裙子，还有要放弃摇滚梦、创业梦，连梦想都要有明确的区分——你的梦想究竟是属于年轻人的、中年人的，还是老年人的。

"什么年纪干什么年纪的事"，就是让我们向生活妥协。

❝ 年龄，才是最大的骗局 ❞

在《非正式会谈》节目中，节目组以十年为年龄区间总结出来了一套中国人的人生规划。从出生开始一直到老年，在不同的年龄区间，我们被要求做的事大体相同。比如：

0至10岁，我们的任务是进行各种规则学习，参加课外技能培训；

10至20岁，上学、考试占用了我们绝大多数的时间，而上学期间早恋是被杜绝的；

20至30岁，毕业的我们要焦虑未来的工作，开始恋爱，或被催婚；

30至40岁，家里开始催娃，并且大多数人成为"房奴""车奴"；

40至50岁，儿女长大又开始为他们买房子而省吃俭用；

50至60岁，逐渐退休，开始在家帮忙带下一代……

这样大致的描述，勾勒出的是我们绝大多数中国人的生命轨迹。这仿佛变成了社会公理，如果有人不按照这个流程走，就会被贴上"异类"的标签。

在社会学中，这样被社会文化框定住的生命节奏，被称之为"社会时钟"。

社会时钟这个概念最早在1976年被学者纽加藤提出，主要是用来描述个体生命中主要里程碑的心理时钟，它由社会文化背景决定，反映了身边成员对我们的期望。

从我们出生，社会时钟就已经开始影响我们的思维，它潜移默化地让我们接受并服从。一旦我们的行为与社会时钟所规范的节奏发生冲突，那么焦虑就会随之而来。那些意识到自己正在被社会时钟捆绑的人，一旦想要挣脱就会面临文化规范的打压，冲突就由此产生。

不仅女人正在面临这样的冲突，男人也同样在接受社会时钟带来的困扰。

比如，30岁的你一心想要出国留学，可是所有人都希望你能够留在家乡和谈了多年的女友结婚安定下来，你会怎么选择？

40岁已经过上自己想要的生活的你却始终有一个创业梦，你是选择继续安稳地走下去还是再次成为一无所有的创业者？

我想，很多人都会选择放弃梦想。

因为30岁的你，应该结婚了；

因为40岁的你，应该安稳了。

看吧，我们在遵守所谓"社会时钟"的时候，大多数是以牺牲个人情感为代价的。

我有一个朋友性格活泼开朗，是所有人的开心果。前几年她结了婚，依然咋咋呼呼。

有人看不惯劝她："你已经是当妈的人了，不能再这样嘻嘻哈哈的，要沉稳一点儿。"后来这样说的人越来越多，她也开始困扰起来，并且担心自己的行为真的会影响到孩子。

某天她问我，自己是否要收敛一下性格，不要整天一副没心没肺的样子。我觉得很奇怪："谁规定当母亲的就不能快乐地拥抱自己的生活了，你改变了，那谁来当我们的开心果呢！"

每个人都是独一无二的存在，有着适合自己的生存方式，为什么一定要按照社会期待去束缚自己的行为呢？

我有个同学，他在48岁那年转行学了心理学，现在已经是业内有名的心理咨询师，并且帮助过不计其数的人。难道，他会因为48岁入行而比18岁入行的差吗？

因此，我们的人生，并无真正的模板可言。

❝ 破除年龄的'界'，活在属于自己的人生时区 ❞

想要破除年龄的界限，就要先弄清楚冲突的来源究竟在何处。在这里，我将其分成外部和内部两个部分。内部即我们自己的所思所想，外部则是我们重要他人的期待。当我们无法满足他人期待时，矛盾就会产生。

你是个什么样的人，未来想要过什么样的生活，你的个性是强硬还是软弱，你是否有面对异样目光的勇气，这些都是你能否破除"什么年纪干什么年纪的事"这个魔咒的关键。

我闪婚的朋友Zoe，虽然表面上自由洒脱，可内心却是个良善到有些软弱的人。在交流中能够发现，她十分爱自己的父母，爱到不愿意让他们因她受到哪怕一点点的非议和委屈。在日常和朋友的交往中，她也习惯了委曲求全，处处考虑别人的感受，担心自己的行为会给他人带来丁点儿伤害。因为这些，她为了家人的感受作出妥协，哪怕妥协的是自己的婚姻。所以，她闪婚的行为并没有让我感到过于奇怪。如果你也是这样的人，并且你知道自己的性格无法改变，那么在矛盾来临时，硬碰硬的做法显然不现实。我希望你能够在自己与重要他人的期待之间寻求一个平衡，与他们坦白自己心中所想，或者寻求中间道路也是个不错的选择。比如面对家人"逼婚"你无法抵抗的话，或许可以开始尝试找个人谈谈恋爱，而不是决绝地闪婚；又或许你想要出国念书，然而家人认为你过了年龄，那你可以考虑，在附近城市申请一个大学是否也不错……总之我的意思是，更加温和的手段或许更适合你。但是一定要记住，为了满足他人的期待而拿自己的幸福作赌注，永远都不是最好的选择。

一位大学教授和我私交颇好，她今年恰好40岁，可是依然未婚。每年寒暑假，她都会自己飞往云南寻一处民宿进行为期一个月的闭关学术研究，在我眼里她是这个时代独立女性的代表。某次我们在聊到她如何走上学术道路时，她说她大学期间就决定自己未来要成为一个大学老师，大学期间她不断努力，顺利考上了研究生。后来研究生毕业，她申请了日本早稻田大学攻读博士学位，但是却意外遭到了家人和所有亲戚的反对。

"那时我父亲身体不好，做了一场手术，家里的经济条件非常拮据，正逢毕业的我接到了一家外企的offer，大家都希望我能够直接就业，等经济条件好了再求读书。"

一边是已经申请通过的博士攻读，一边是负债累累的家人，选择后者，放弃梦想；选择前者，会背上不孝的"罪名"。

显然，她最后还是选择了自己的梦想。

"我最后申请了公费留学，刚到日本的时候我父母一个月没理我，所有的亲戚都在骂我不孝顺。在日本的时候，我拼命做实验、做项目，仅有的微薄收入全部汇给了家里，我用了三年的时间就拿到了博士学位，找到工作后我第一时间就把我父母接到了北京。"

到现在，她对父母的好所有人都看在眼里，再也没人能说她一句不孝。

这位教授，个性独立坚强，有着强大的内心，并且对待未来有着明确的人生规划。她目标坚定，并不畏惧别人的闲言碎语，拥有这样性格的人，更加能够寻找到让自己感觉到舒服的社会时区。

如果可以，我更希望大家能够成为这样坚定的人。

《纽约比加州时间早3个小时》，这首美国的诗中有一句话我十分喜欢："纽约时间比加州时间早3个小时，但加州时间并没有变慢。"你没有落后，你没有领先。在命运为你安排的属于自己的时区里，一切都准时。

人生海海，何必拘泥年龄。

对生活不将就，请在属于你的时区里，肆意绽放。

知道自己想要什么，是做自己的前提

> 我想做自己，可是'自己'到底是什么？

做心理咨询时候，我遇到过很多想要辞职的年轻人。从他们的描述中我能感到对方心中的热忱与现实激烈的碰撞，他们浑身透露着浓浓的无奈与妥协。

巧合之下我认识了一个体制内的年轻人，他新闻系毕业、满腔热血地想要成为一个新闻人。独自在北京漂泊五年后回到家乡，他成了体制内一名朝九晚五的办事员，每天过着与曾经截然不同的生活。

我每天见到他，他都穿着一件灰色的西装，戴着一副黑框眼镜，坐在人群中只露出一颗黑扑扑的头，没有任何特色，我也看不见他脸上的表情。唯一显得有些活力的，就是他每天早晨八点骑着他那辆红色的山地车飞奔在街头，那仿佛是他生命中不多见的青春的颜色。

他的生活快乐吗？我想大概是不快乐的。

但为什么还要在这里？他对我说："为了我爸妈。"

为了父母，于是放弃梦想，回到县城，遵从他们的期待成了一名公务员，开始了另一种可能的人生。故事到这里还没有结束，过了一段时间那个男孩联系我，说自己心情极差，已经从家里搬了出来，开始质疑自己曾经的选择是否正确。

"他们逼我频繁地相亲，我真的不明白，我已经为了他们放弃了自己的梦想，可为什么连我的婚姻他们都要操控？我试图找他们谈判，可我爸妈认为我在拿回家工作这件事威胁他们，最后不欢而散。"

最后那个男孩揪着头发愤懑不已："早知道是这样，我当初就不该回家。我多羡慕其他的人，可以痛快地做自己。"

做自己，永远都是个充满神秘色彩的词，包含了我们对一切美好生活的想象。仿佛我们只要鼓起勇气做自己，人生就会散发不一样的光。

我有个姐妹，最大的梦想就是成为一名导演。当初大学毕业她一人扛着书包毅然北上，最初是在一家公司做导演助理，她跟我说圈内有性别歧视，很多人都不愿意用女生，她不信邪，在北京影视圈里一个人咬牙坚持下来，如今几年下来也算小有名气。很多人都羡慕她，说她拥有不顾一切追寻梦想的勇气，并且最后还获得了成功，可只有我知道她背后的心酸。

远离家乡，父亲手术当天她在剧组无法离开，将家庭的压力全部抛给了亲戚；长期熬夜，偏头痛、胃痛更是家常便饭；压力过大导致她长期服用抗抑郁药物。

"走了这么远，有时候我真忘了自己是靠着什么坚持到了今天。我一直都想在这个过程中找到自己，我以为这就是我想要的，可是现在我累了，我想回家了。"

后来她推拒了公司老板提拔的好意，选择回到家乡和父亲一同居住直到今天，当时身边很多人都劝她："都走到这儿了，再坚持坚持没准儿就熬出来了。"可是她却觉得，现在的生活才是让她感到舒适的。现在她在本地找了家小广告公司，过上了比之前安稳很多的生活。

滑雪时我认识了一位健将Tina，对方飒爽的姿势像极了专业运动员。

午餐闲聊时她跟我说了自己就职的公司，意外地，她就职的公司与我就职的公司曾有过多次合作。顺着聊下去，我才知道对方就是华东地区的负责人。

"成功女性"是我立刻给Tina贴上的标签，我说我的梦想就是成为她这样的女人：工作时雷厉风行、走路生风，闲暇时肆意洒脱、爱好广泛，可是她却说自己厌倦了这样的生活，感觉每天过得毫无趣味。

"在这一行做了17年了，其实我对这方面的业务一点儿都不感兴趣。当初大学毕业随便面试了一家公司，一路就这么做下来了。后来为了让生活多点趣味，我迷上了极限运动，赛车、速降板、滑雪、攀岩，我都喜欢。"

她已经年逾40，家人都不再支持她冒险，"可是这些让我觉得自己还活着，我第一次看见了自己。"

" 我以为的我，就是我吗？"

"我"是个什么样的人，别人是如何看待我的，我又是如何看待自己的？

Tina如今也有自己的困惑："到了我这个年纪，已经不需要再为生存努力了，我需要为自己而活。这份工作我做腻了，有段时间我开始犹豫是否要辞职，可是坦白讲，我的关系、人脉、专业全都在这个圈子，离开之后我不知道自己还能做什么，我甚至不知道我想做什么。"

我给了她一些建议，让她先去了解自己。

一个人只有了解自己，才能知道自己想做的究竟是什么，或者说，能做的事情是什么。

我让她先去和公司的领导、同事、下属聊聊，听听看他们对她的评价。反馈下来的结果是：工作拼命、行事果决、对待下属严苛，她在员工眼中的图像出奇地一致。

可是Tina却对此感到惊讶："我一直不认为自己是个严格的

人,我心里总有着某种浪漫主义。"

我并不认为她说的是错的,但我也不认为她的同事讲的有问题。

实际上,或许她从来都没了解过自己。

山本耀司说:"自己"这个东西是看不见的。撞上一些别的什么,反弹回来,人才了解了"自己"。用心理学来解释,是社会、环境等多种因素共同塑造了今天的我们。

站在这个角度考虑,追寻"自己"本来就是个伪命题。因为没有真正的自己,我们所追寻的都是虚幻罢了。

就像那个骑车在街头追风的男孩,他听从父母之命放弃大城市的生活回到了家乡,他以为这是他对"做自己"的妥协,可如果他奔赴大城市成了一名记者,每日住在地下室,采访的内容处处受限,他很可能就会发现现实不若心中所想,会失落、会遗憾、会彷徨,也会想到日渐年迈却无人照料的父母,会想到如果当初听从父母之命回到家乡,或许就不会是眼前这番光景。

梦想之所以成为梦想,是因为它尚且是件未被实现之事。

我和Tina讨论了很多关于"自己"的命题,她跟我提了无数个设想,她对我说:"我40岁了,我希望找寻自己,为自己活一次。"

对此,我表示十分不理解。她的人生走过了40年,并且正在享受足以令大多数人钦羡的生活,可是她却将曾经的成就一笔抹去,将其称之为"为别人而活"。"做自己"并不是让我们否认过去的人生，而是在现实人生的基础上创造更多的可能。更直白地说，"做自己"不是鼓励你抛开现实追求梦想，实际上它是一种信念，一种坚持自我的信念。

在关于自我的研究中，有学者提出了一个重要的概念：自我的一致性。

通俗地说，就是一个人的行为如果能够按照自己的价值观进行生活，那么这就是"做自己"最关键的部分。当一个人的价值观与外界不一致，甚至发生冲突时，能够做自己的人会做到，即便是受到外界的质疑与批评，也会选择坚持自己的想法。

就像Tina热爱极限运动，不会因他人的劝阻而停止热爱，这是做自己。就像我的导演朋友放弃梦想回到家乡，不会因为别人的遗憾而停止辞职，这是做自己。

我不认为Tina之前的人生是在为他人而活，她的每一步选择、她的每一个决策、她实现的每一个项目，她见过的人、说过的话、经历的事，构成了完整的她。

她的价值观是在经历中逐渐被塑造出来的，她人生的每一步都不曾违背过自己的意愿，因为或许在最初，她并没有形成过明显的意愿。

听起来，"做自己"似乎很简单，但是却不是每个人都有勇气做自己。那些没有自己想法的人，那些轻易否定自己的人，那些与人交往习惯性妥协忍让的人，他们没有面对自己内心的勇气，也就自然无法做自己。

我在最初写作的时候，投稿四处碰壁。和我一起投身写作行业的姑娘与我一样，我们不停地遭遇挫折，那时候我们的退稿信摞起来能将邮箱塞满。

"编辑说我写的故事老套没新意，文笔还须磨炼。"

我跟她说每个人的喜好不同，一家被拒就再投一家，一个故事不好就再写个故事，没什么大不了的。

可是她却被退稿信伤了心："我可能真的不适合这一行，有这些时间我都能完成好多事情了。"于是，她放弃了写作这件事。

后来，我们失去了联系。

若干年后的今天，有一天她突然在微博私信我，说没想到我还在坚持写作，看到我出版了书籍十分羡慕，并感慨说，如果自己能一直写下去不知道会不会也像我现在一样。

在我看来，"做自己"这件事与你想成为什么样的人，为此你又付出多少努力有着强烈的关系。那些半途因为困难而放弃了心中所想的人，才是真的放弃自己的人。

" 做自己，不是逃避现实的避风港 "

"做自己"三个字背后总是带着巨大的想象和无尽的美好，成了众多对生活怀着不满情绪的年轻人逃避现实的避风港。

　　遇到不顺心的事，他们就会将原因归结为自我的束缚，认为是环境阻碍了他们成为自己。前面我提到的那个男孩，虽然现在已经找了个安稳的工作，但父母的捆绑让他每日痛苦不已，他认为自己的每一天都在现实世界沉沦，只有到了夜晚，真正的自我才会跑出来做最后的抗争。

　　"我和这里的一切都格格不入，我和他们根本毫无共同语言。这儿让我感到窒息，可我偏偏被'孝'字压死动弹不得，我的人生在我从大城市回来的那一刻就结束了，不相亲是我最后的妥协。"

　　"既然你这么痛苦，那就回到你的大城市去啊。"

　　我不认为如果他执意做某件事，他爸妈能够阻拦他。毕竟曾经他只身一人在外打拼过几年的时间，倘若不是特定的契机他也不会回来。

　　"不行的。"男孩摇头，"他们会每天给我打电话念叨我，我一个人在外面实在放心不下他们。"

　　在没有探究后续问题之前，或许我们都认为这个男孩是因为家人的原因放弃了自我，可是当听到他的回答之后，不难发现在这件事的背后还有他自己的主观意志存在。

　　"做自己"的全称是"做真实的自己"，其中关键在于一个人的内在意识和需求。我们只看到了他心中的梦想，却忽视了回家的选择是他自己作出的决定。倘若不这样做，于他而言同样是一种遗憾、一种缺失。

生活中我是个性格有些软弱的人，最害怕的事就是与别人发生冲突，当矛盾发生时，我一般会成为最先道歉并且争取空间试图解决问题的那一个，也因为这样，我时常会陷入某种懊恼情绪，我不断尝试想要获得改变，让自己内心强大，至少要看起来没那么怯懦。

直到某天我读到了伊壁鸠鲁关于快乐的论述，他说快乐就是追求内心的平和，一切让我们内心出现波动的事都会扰乱我们的快乐。这个观点让我顿悟，我的道歉并不是为了向他人妥协，而是在以自己的方式寻求我的快乐，这是对自我的一种接纳。既然我能够自洽，我又何必执着改变？

做自己的过程亦然。

去大城市寻梦固然好，可遵循本心回到父母身边也是自己内心的渴望。这都是真实的自我，只不过人生本身就是取舍的过程，没有人能做到事事兼得。在这样的情况下，"做自己"就要求我们面对生活，像个成年人一样对自己的选择负责，从看似平淡的生活中寻找趣味，不要再与生活对抗，然后真的弄丢了自我。

我们常常把"做自己"挂在嘴边，但我想说，"做自己"其实只是一种心理状态，是我们逐渐走向成熟的标志。在这样的状态下，我们能够在坚持自我的基础上与别人保有和谐的关系，能够在遇到冲突时温和坚持，能够不管在任何环境之中不忘初心，它带着理想的浪漫，却又不失现实的锋芒。

做自己很难，但不做自己的人生更难。